PAUL BERT

PREMIÈRES NOTIONS

DE

ZOOLOGIE

LECTURES

A l'usage des Élèves

DES ÉTABLISSEMENTS D'ENSEIGNEMENT SECONDAIRE
DES ÉCOLES NORMALES PRIMAIRES
ET DES ÉCOLES PRIMAIRES SUPÉRIEURES

Quatrième édition entièrement revue
Avec 345 figures dans le texte

PARIS

G. MASSON, ÉDITEUR

LIBRAIRE DE L'ACADÉMIE DE MÉDECINE
120, Boulevard Saint-Germain, en face de l'École de Médecine

4312-85. — Corbeil. Typ. et stér. Crété.

PREFACE

DE LA PREMIÈRE ÉDITION

———

Je souhaite que les enfants, auxquels est destiné ce petit livre, trouvent à le lire autant de plaisir que j'en ai eu à l'écrire pour eux. Je le souhaite, non pour des raisons d'amour-propre, mais parce que je suis persuadé qu'on ne peut pas instruire quand on ennuie.

Aussi, pendant que j'écrivais, j'avais sans cesse en pensée leurs petites mines éveillées, attentives, avec ces grands yeux gais et profonds de l'enfant qui écoute, immobile, et y met tout son cœur. Et lorsque parfois la plume en courant s'attardait aux détours d'une phrase ou aux broussailles d'une énumération, s'il me semblait les voir détacher de moi leurs regards et les tourner vers la fenêtre, vers le grand air, le soleil, les hirondelles, la liberté, aussitôt je m'arrêtais, et me reprenais, et me corrigeais, si possible.

Et pourtant, quoi que j'aie pu faire, je reconnais qu'il est quelques-unes de ces leçons où les faits s'entassent un peu trop, et où la lecture peut devenir fatigante pour l'enfant. Telles les leçons sur la *distribution géographique* et sur *la classification*. Mais c'est qu'ici intervient une autre considération.

Je n'avais pas seulement à penser aux élèves, mais aux maîtres. J'ai dû, pour des raisons que comprennent tous ceux qui connaissent l'état actuel de notre personnel enseignant, me préoccuper de leur fournir des matériaux d'enseignement. De là une certaine agglomération de faits, auxquels les développements oraux devront *donner de l'air*. Il est telle de mes leçons qui pourra alimenter une dizaine d'entretiens.

C'est dans les livres de voyages, surtout, qu'on trouvera, non théoriques et froids, mais vivants, pittoresques, en pleine réalité, les développements nécessaires. Aussi j'appelle de tous mes vœux la publication d'extraits de récits authentiques sur les chasses, les pêches, les animaux domestiques des peuples étrangers : je dis *extraits* et non pas *abrégés*, l'abrégé étant presque toujours sec, ennuyeux, incolore.

Je regarde en outre comme indispensables des exercices pratiques auxquels j'ai fait allusion dans plusieurs endroits du livre, et qui seront un amusement pour l'enfant : dans les villes, visites aux musées; dans les campagnes, promenades consacrées à l'histoire naturelle (1), à l'examen de fourmilières, de taupinières, de nids, à la capture d'insectes, à la préparation de petites collections. Et je comprends par là que ces promenades représenteront des classes, seront prises sur le temps des classes, car si l'on voulait rendre odieuses ces études, il n'y aurait pas de meilleur moyen que de leur attribuer le temps des jeux et des grandes courses libres.

Ce petit livre devra donc être lu par l'enfant, commenté et développé par le maître, qui interrogera ensuite l'élève

(1) De là la nécessité de *faunes locales*, rédigées avec clarté et avec sobriété, en éliminant les espèces rares.

sur les multiples questions qui s'y trouvent soulevées. Et surtout, qu'on se garde du *par cœur;* c'est un exercice indigne, qui doit être banni sévèrement de l'enseignement, hormis lorsqu'il s'agit de fixer dans la mémoire des modèles de style. En science, c'est un contre-sens.

Je considère l'introduction des sciences naturelles à la base de l'enseignement secondaire comme la plus importante, de beaucoup, des grandes réformes que vient d'accomplir le Conseil Supérieur de l'Instruction publique dans sa première et mémorable session. Je ne crois pas qu'il y ait mieux à faire pour développer et affranchir à la fois l'esprit de l'enfant que d'ouvrir devant lui, suivant l'expression si juste de Bernard de Palissy, le grand livre de la nature, et que de lui apprendre à y lire couramment. Qui voit juste raisonne bien. Et en même temps que la raison, le sentiment y trouve son compte.

Cette préoccupation ne m'a pas quitté un instant pendant que j'écrivais ce petit livre. Aussi n'ai-je négligé aucune occasion de stimuler la curiosité, d'exciter à l'observation, de mettre en émoi toutes ces petites cervelles questionneuses. Il faut tâcher de conserver longtemps en activité l'éternel *pourquoi* de l'enfant, et pour cela il le faut exercer et lui donner, quand on peut, satisfaction.

C'est évidemment dans ce but, et non pour faire de nos enfants des zoologistes, des botanistes ou des géologues, que les sciences naturelles ont été enfin introduites dans l'enseignement public.

Paul BERT.

Janvier 1886.

PREMIÈRES NOTIONS
DE ZOOLOGIE

PREMIÈRE LEÇON

DIFFÉRENCES ENTRE LES ÊTRES VIVANTS ET LES CORPS INANIMÉS. — DIFFÉRENCES ENTRE LES ANIMAUX ET LES VÉGÉTAUX. — LES TROIS RÈGNES DE LA NATURE.

SOMMAIRE : Nécessité de la nourriture. — Naissance et mort. — Mouvement et sensibilité caractéristiques des animaux. — Caractères secondaires des végétaux.

Voici, mes enfants, sur cette table, devant nous, une *pierre*, une *giroflée* en son pot, un *serin* dans sa cage. Supposez que nous ayons la barbarie de nous en aller tous, en fermant derrière nous la porte à clef, et de ne plus revenir que l'année prochaine. En rentrant, que voyons-nous? De giroflée, plus trace, à peine quelques brins tout secs; du serin, il ne reste plus que des plumes et des os. Mais la cage, et le pot à fleurs, et la terre qu'il contenait, et la pierre à côté? Tout cela est demeuré intact, sans changement.

Que s'est-il donc passé? Oh! vous ne serez pas embarrassés pour répondre : le serin est *mort*, la giroflée est *morte*. Et pourquoi le serin est-il mort ? — Parce que, me direz-vous, on ne lui a donné ni à manger ni à boire. — Et la giroflée ? — Parce qu'on ne l'a pas arrosée. — Mais la pierre ? — Oh ! la pierre, elle n'est pas morte, elle ; elle n'avait pas besoin de boire ni de manger : elle ne *vivait* pas.

Ainsi, l'*être vivant* se reconnaît à ce qu'*il a besoin de boire et de manger ;* si bien que si on lui supprime nourriture et boisson, il meurt fatalement, après un temps plus ou moins long.

Mais pourquoi faire, manger ? Ce serin, voilà trois mois qu'il est là, dans sa cage ; il a mangé du millet au moins dix fois gros comme lui, et il ne pèse pas plus qu'au premier jour ; où a-t-il mis tout cela ?

Ce qu'il a fait de son millet, vous le savez aussi bien que moi ; il l'a mis dans son estomac ; il l'a *digéré*, comme disent les savants, et puis il l'a rendu. Regardez dans le bas de la cage, et vous verrez qu'il n'a rien gardé pour lui : autant de grammes de millet avalé, autant de rendu, d'une manière ou d'une autre, soit en matières solides, soit en liquides, soit même en gaz qui s'échappent à chaque respiration, ce qui n'est pas le moins curieux et nous occupera plus tard.

Je vous entends bien, vous dites : Voilà bien du millet de perdu ! — Ah ! d'abord, si votre serin n'avait pas mangé, il aurait maigri, perdu de son poids. Ça ne maigrit pas beaucoup, un serin ; mais enfin c'est toujours 3 ou 4 grammes qu'il pèserait en moins, et qu'a remplacés le millet.

— Soit, allez-vous répondre. Mais que ne se contentait-il de ces 3 ou 4 grammes de millet ? Il en a mangé plus de 300. C'est bien, tout de même, à peu près tout perdu.

— Vous croyez ? Au commencement de l'hiver, le bû-

cher était plein de bois, et maintenant il n'y en a plus :
tout a passé dans la cheminée. Voilà bien du bois de
perdu, n'est-ce pas?

—Mais non, dites-vous : il a fait bouillir l'eau de la mar-
mite et nous a tenu chaud. — Eh bien, mes enfants, le
millet, pour le serin, a fait un office analogue. Ne vous
est-il jamais arrivé de rester sans manger plus longtemps
que l'intervalle habituel de vos repas? Cela arrive, par
malheur, à trop de pauvres enfants. Rappelez-vous ou
interrogez, et vous saurez qu'après l'*appétit*, en même
temps que la *faim*, arrive la faiblesse. L'homme qui souf-
fre de la faim a peine à se tenir sur ses jambes ; s'il est
obligé de travailler, il ne fait que peu de besogne. Les forces lui manquent : qu'il mange, les forces reviennent.

Ainsi *la nourriture donne des forces*. Le millet qu'a
mangé le serin n'était donc pas perdu : il lui a donné des
forces. Et il en avait besoin, pour sauter, voleter, chanter.
Maintenant, comment la nourriture ou, pour employer
le mot scientifique, l'*aliment*, donne-t-il des forces? Ça
n'est pas facile à comprendre. Mais, je vous prie, compre-
nez-vous bien comment des morceaux de bois qui brû-
lent donnent de la chaleur? Non, n'est-ce pas? Ce sont là
de grosses questions, que nous étudierons plus tard,
quand vous serez grands, et que vous saurez un peu de
physique, de chimie et de mécanique ; aujourd'hui, nous
n'y verrions goutte. Contentons-nous de savoir que l'aliment est nécessaire à notre serin pour l'empêcher de
maigrir et pour lui donner des forces.

Maintenant, autre chose ; revenons à la pierre et à la
giroflée.

La giroflée, vous savez son histoire. On l'a semée, elle
a germé, grandi, poussé des feuilles ; la voilà en fleurs,
en graines bientôt, avec lesquelles on ressèmera des giroflées semblables. Et puis, on aura beau faire, lui don-

ner de l'eau et de la terre, ses aliments à elle, un jour
arrivera où elle sèchera et mourra.

Pour le serin, semblable histoire. Il est sorti d'un œuf,
sa graine à lui. Tout petit d'abord, il a grandi — vous ne
direz pas qu'il perdait son millet pendant ce temps-là, —
il est devenu de la taille de sa mère, et le voilà fort et
joyeux. Mais vous savez bien, vous aurez beau faire, lui
donner de l'eau et du millet, des aliments, un jour arrivera, où, sans qu'on l'ait maltraité, il deviendra triste,
faible, se mettra en boule, cessera de manger, tombera
de son perchoir et mourra.

Vous le voyez, vous le saviez, giroflée et serin ont
même destinée : leur *vie* commence à la *naissance* et se
termine à la *mort*.

Mais la pierre ? Oh! la pierre, elle ne meurt pas, elle,
il n'y a pas de danger! Telle vous l'avez mise en place un
jour, telle vous la retrouverez plus tard, après des années,
telle on la retrouvera après des siècles, si rien du dehors
n'est venu agir sur elle et la détruire. Elle ne meurt pas,
parce qu'elle ne vit pas ; elle ne naît pas non plus : on
n'a jamais vu de pierre sortir d'un œuf ou d'une graine.

Vous voyez donc que parmi toutes les choses, tous les
corps qui nous entourent, il en est de deux sortes : ceux
qui vivent, les *êtres vivants;* ceux qui ne vivent pas, et
qu'on dit pour cela *corps inanimés*.

Voilà une première division à établir dans la nature,
une première *classification*.

Laissons maintenant de côté la pierre et les corps inanimés. Giroflée et serin, sont-ce des êtres semblables ?
Non, vous le savez bien, la giroflée est un *végétal*, le serin
un *animal*. Voilà donc encore une division, cette fois seulement parmi les êtres vivants.

Comment reconnaître les végétaux des animaux? Si je
vous demandais si l'on pourrait confondre le serin et la

giroflée, vous vous mettriez à rire, et vous diriez qu'on n'a jamais vu de plumes sur une giroflée, ni de fleurs sur un serin. Mais tous les végétaux ne sont pas des giroflées, ni tous les animaux des serins. A quoi donc les reconnaître, ou, comme on dit, quels sont leurs *caractères distinctifs?*

Ne me dites pas que les végétaux sont verts, ni qu'ils ont des feuilles, ou des fleurs, ou des racines ; car voici un *champignon* qui est tout blanc et qui n'a pas de feuilles, ni de fleurs, ni de racines. Et pourtant vous ne le prendrez pas pour un animal : c'est bien un végétal, pour vous comme pour tout le monde.

Mais voyons : voilà notre giroflée dans son pot, notre champignon sur sa couche, et ces herbes, ces arbustes, ces arbres, dans le jardin devant nous. Ils sont très différents les uns des autres par la forme, la taille, la couleur. Mais ils ont un caractère commun : ils ne bougent pas de place. Là où ils sont nés, ils poussent, grandissent ; c'est là qu'ils mourront, si on ne les transplante.

Notre serin agit bien différemment, lui : il ne reste pas un instant immobile, sinon en dormant. Tout le jour, il saute d'un bâton à l'autre, hochant la queue, tournant la tête. Le chat, qui le guette en sournois, n'est pas beaucoup plus tranquille. Encore moins la mouche, qui traverse la cage, au risque de se faire gober. Et le poisson rouge dans son petit bassin : il tourne tout le temps. Et le limaçon, qui grimpe là, dans son coin ; il n-est pas vif, mais il marche tout de même : il serait honteux de rester sur place comme une tulipe. Tout cela, ce sont des animaux ; tout cela remue, marche, saute, court, vole, nage ; tout cela est en mouvement ; le végètal, point. Ainsi le *mouvemnct* caractcrise l'animal, et le distingue du végétal immobile.

Et pourquoi tout ce mouvement? Ah! il le faut bien ! Le végétal suce la terre par ses racines ou quelques chose d'analogue, et il y trouve son aliment : il le trouve aussi dans l'air, comme nous le verrons en parlant de l'*Histoire naturelle des végétaux*. Quand on a tout à sa disposition, ce n'est. ma foi, pas la peine de se déranger ! L'animal, lui, n'a pas la même ressource : son estomac n'est pas, comme celui de la plante, au bout de ses racines ; il est dans l'intérieur même de son corps. Aussi, point de repos. Il faut que le poisson coure après le ver, l'hirondelle après la mouche, le chat après la souris. Si le serin ne va pas à sa mangeoire, il mourra de faim ; et quand le limaçon a rongé une feuille, il lui faut traîner sa cabane portative jusqu'à la feuille voisine. Il faut se mouvoir, d'abord parce qu'il faut manger.

Et puis, les mouvements ont une autre raison encore. Frappez votre chien, il se sauvera, à moins qu'il ne saute sur vous et ne vous morde. Appelez votre chat, il accourt, et si vous le caressez, il se frotte à votre jambe en faisant ron-ron. Ouvrez la porte de la cage, le serin s'enfuit en un coin, tout tremblant : mais s'il voit que vous avez rempli sa mangeoire, il saute sur le bord, vous regarde d'un air joyeux, et chante pour dire merci. Le poisson se cache quand vous approchez de l'eau ; le papillon fuit le filet ; la pie reconnaît le fusil ; le lièvre détale de loin au bruit de vos pas. Le pauvre limaçon lui-même, s'il n'y voit pas bien clair et n'a pas l'oreille fine, lorsque vous lui touchez la corne, se hâte de se recroqueviller et de se cacher en sa maison.

Mais le végétal ? Est-ce que la giroflée a peur quand on fait du bruit? Est-ce que le champignon est content quand on le caresse? Est-ce que les arbres se mettent en colère quand on les bat, ou inclinent leurs branches quand on les appelle ? Non, ces végétaux n'entendent pas, ne voient pas, ne sentent pas ; ils n'ont pas d'idées; ils ne sont jamais ni joyeux, ni fâchés ; si on les attache, ils restent en place ; si on leur coupe une branche, ils ne se plaignent pas. Ils n'ont ni *sensibilité*, ni *intelligence*, ni *volonté ;* ce sont là des qualités que seuls les animaux possèdent.

Voilà donc les corps de la nature bien distingués les uns des autres et bien groupés en trois catégories.

Il y a d'abord :

Les MINÉRAUX, qui ne vivent pas ;

Puis les VÉGÉTAUX, qui vivent, sans se mouvoir, ni sentir, ni vouloir ;

Enfin les ANIMAUX, qui vivent, se meuvent, sentent et veulent.

J'ai, tout à l'heure, pour vous embarrasser un peu, je l'avoue, laissé de côté d'autres caractères, ceux-là visibles à l'extérieur, qui distinguent les animaux des végétaux. Si nous ne nous occupons pas du champignon, nous voyons que les végétaux, qu'ils soient petits comme l'herbe, ou gigantesques comme le chêne, étalent des *feuilles vertes*, dressent des *tiges* souvent chargées de *branches* ou rameaux, enfoncent des *racines* dans le sol, tandis que rien de pareil ne se voit aux animaux. Chez ceux-ci, on distingue d'ordinaire un *corps*, une *tête*, des *membres;* mais tout cela varie énormément. Ce que je viens de vous dire est bien plus général, bien plus important.

Ainsi se trouvent déterminés ce qu'on a appelé les trois RÈGNES DE LA NATURE : règne minéral, règne végétal, règne animal.

DEUXIÈME LEÇON

LES PLUS GROS ÊTRES VIVANTS ET LES PLUS PETITS VISIBLES
A L'ŒIL NU.

SOMMAIRE : Les plus gros animaux aquatiques et terrestres : baleine,
éléphant, autruche, condor, crocodile, boa, requin. — Le kraken
et le serpent de mer. — Les petits animaux. — Les plus gros végétaux : un bal sur un tronc d'arbre ; un éléphant sous des racines.

Vous savez tous combien sont inégaux de taille les
animaux entre eux. Pensez d'un côté à un chat, un
moineau, un goujon, un cheval, une fourmi, une poule,
un hanneton, un éléphant, etc. ; de l'autre, à un peuplier,
une violette, un dahlia, un sapin, etc. Que de différence
dans les dimensions !

Parmi les animaux, le plus gros, sans contredit, est la
baleine (fig. 1). On en a pris qui
mesuraient 30 mètres de longueur. Et dire qu'une bête pa-
reille se nourrit de tout petits
animaux, à peine longs comme
une épingle ; quelle affaire, s'il
lui fallait les pêcher un à un !

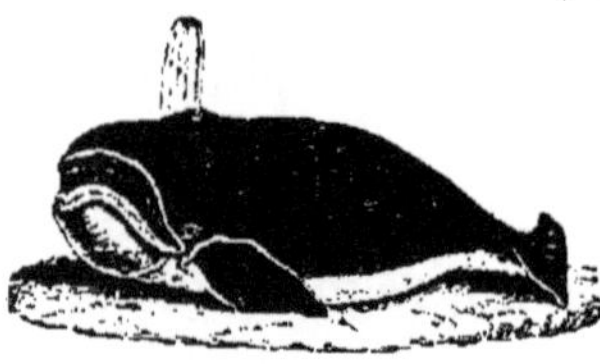

Fig. 1. — Baleine.

Aussi la baleine profite de l'habitude qu'ils ont de vivre
en bandes longues de plusieurs kilomètres : elle commence
par un bout, et, sans se presser, elle donne asile dans son
estomac à toute la société. Mais pourquoi, direz-vous, se
donne-t-elle tant de mal ? Les poissons ne sont pas
rares. Cela est vrai, mais elle a le gosier si petit qu'à peine

y passerais-je le poing : avec un cou pareil, pas moyen d'avaler de gros morceaux.

Les animaux qui vivent sur terre ne sont pas, à beaucoup près, aussi gros que la baleine. Ils auraient trop de peine à se porter, tandis que la baleine est soutenue par l'eau, à preuve que, lorsqu'elle est morte, elle revient flotter à la surface. Et pourtant, le plus gros des animaux à quatre pattes, des *quadrupèdes*, *l'éléphant* (fig. 2), a déjà une jolie masse

Fig. 2. — Éléphant d'Asie.

à traîner, car on en a vu qui pesaient près de 7000 kilogrammes. Cependant, comme si cela ne suffisait pas, on l'a apprivoisé pour le charger de toutes sortes de fardeaux.

Fig. 3. — Chasse au tigre avec des éléphants (Inde).

Les Indiens, ses compatriotes, lui mettent sur le dos des tours, de vraies petites maisons pleines de monde ; on va ainsi à la promenade, à la chasse, à la guerre. La brave bête ne paraît pas s'effrayer beaucoup de tout ce

Fig. 4. — Girafe.

poids, et quand le tigre féroce, son compatriote asiatique, veut attaquer son monde, elle trouve encore le moyen de lui casser les reins avec son bizarre nez, aussi long que mon corps, si fort et si souple, qu'on appelle sa *trompe* (fig. 3).

Mais, si haut que soit l'éléphant, il y a un autre quadrupède qui lui mangerait du foin sur la tête. C'est la *girafe* (fig. 4). Ce n'est pas qu'elle soit bien grosse, mais quelles pattes et quel cou ! Voilà qui est fort commode, pour brouter les branches élevées des forêts africaines.

Fig. 5. — Autruche.

Parmi les oiseaux, le plus gros est l'*autruche* (fig. 5), qui parcourt sur ses deux longues pattes les déserts d'Afrique. Sa tête s'élève à $2^m,50$ au-dessus du sol, et elle pèse jusqu'à 50 kilos. Mais les sauvages de Madagascar et ceux de la Nouvelle-Zélande ont détruit des oiseaux qui lui ressemblaient assez, et qui étaient de dimensions bien autrement fortes qu'elles. On n'en a malheureusement retrouvé que des os isolés ; mais on en possède des œufs, et il suffit de les comparer à l'œuf de l'autruche, pour avoir une idée de l'énorme taille de l'oiseau disparu. Un œuf de l'Æpyornis de Madagascar équivaut à 6 œufs d'autruche, et à 150 œufs de poule (fig. 6, *d*) ; avec un seul, on aurait fait une belle omelette pour toute la classe !

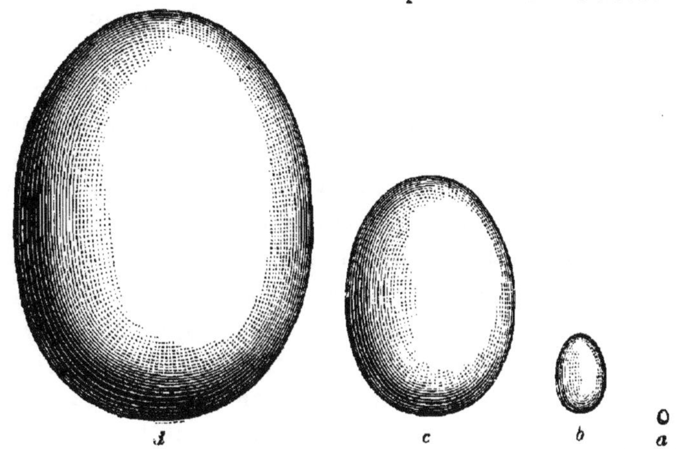

Fig. 6. — Œufs. *a*, oiseau-mouche ; *b*, œuf de poule ; *c*, œuf d'autruche ; *d*, œuf d'Æpyornis (grosseurs proportionnelles).

L'autruche ne vole pas, non plus que ses cousins qui sont un peu moins gros qu'elle, le *nandou*, ou autruche d'Amérique (fig. 125), et les *casoars* des grandes îles de l'Océanie (fig. 138). Il semble que, se trouvant trop lourde pour s'enlever dans les airs, elle ait renoncé à avoir des ailes. Les oiseaux qui

Fig. 7. — Gypaète.

volent, obligés de se soutenir dans l'air à coups d'ailes, ont bien plus de mal qu'elle : aussi sont-ils beaucoup moins gros.

Cependant le *condor* des Andes, le *gypaète* (fig. 7) des Alpes, l'*albatros* des mers du Sud, ne sont pas à dédaigner. Le condor (fig. 126) est le plus gros de tous ; il s'élève dans les airs jusqu'à des hauteurs de 5 et 6 kilomètres au-dessus du niveau de la mer, grâce à des ailes puissantes, dont les deux extrémités, lorsqu'on les ouvre, arrivent à s'écarter de 3ᵐ,50 à 4 mètres : c'est ce qu'on appelle l'*envergure* de l'oiseau.

Si gros qu'il soit, à ces hauteurs immenses, on ne le voit que comme un point noir. Mais lui, tournant sans cesse en cercle les ailes étendues, *planant*, comme on dit, a une vue si extraordinairement perçante qu'il voit tout sur le sol, à 2 ou 3,000 mètres au-dessous de lui. Et si quelque cheval ou bœuf vient à mourir, bientôt on voit accourir de tous les côtés de l'horizon, perdus dans les airs, des points noirs qui grossissent en se rapprochant avec une effrayante rapidité : ce sont les condors qui accourent en se laissant tomber, et finissent par s'abattre à grand bruit sur le cadavre qu'ils commencent aussitôt à dépecer.

Le gypaète se conduit de même. Mais, plus hardi, il attaque dans les endroits difficiles les chamois et les moutons qu'il précipite dans les abîmes où il sait bien les retrouver. Aussi les Suisses l'ont appelé le *lammergeie*, le vautour des agneaux.

Fig. 8. — Albatros.

L'*albatros* (fig. 8) (envergure 3ᵐ à 3ᵐ,50) est moins féroce en apparence ; il ne mange que des poissons : pauvres bêtes qu'on ne plaint guère, parce qu'elles ne savent pas se plaindre. On voit ce gros oiseau blanc errer sur les mers du Sud, et accompagner les navires, d'où les matelots s'amusent à lui lancer des os qu'il attrape admirablement au vol : heureux quand ils n'y joignent pas un hameçon et ne le pêchent pas à la ligne, ce qui doit réjouir les poissons dont c'est la revanche.

Il existe des serpents presque aussi longs que les balei-

Fig. 9. — Boa.

nes : tel le *boa* de l'Amérique du Sud. Leur longueur et leur poids ne les embarrassent guère; ils n'ont pas de pattes, et ne sont pas forcés de se porter; ils se traînent tout simplement, appuyant tout leur corps à terre, sauf

Fig. 10. — Caïman et homme.

la tête qui est relevée. Tels qu'ils sont, ne vous y fiez pas; ils vous étoufferaient dans leurs replis, vous écraseraient, et vous mangeraient bel et bien, comme ils font d'animaux plus volumineux que vous (fig. 9). Songez qu'on en a trouvé qui mesuraient 13 mètres de longueur.

Ce ne sont pas non plus des animaux de petite taille, que les *crocodiles* (fig. 111), ni d'habitudes pacifiques. Demandez aux mamans des tribus qui habitent le long du Nil si elles sont tranquilles sur le sort de leurs enfants jouant au bord de l'eau. Les *caïmans* (fig. 10) de l'Amérique ne sont pas de mœurs plus douces. Mais le plus grand de toute la famille, qui atteint 8 mètres, le *gavial* du Gange (fig. 140), semble assez inoffensif.

Parmi les poissons, le plus grand, c'est le *requin* (fig. 11).

Fig. 11. — Requin.

— Après la baleine, dites-vous? — Non, pas après la baleine, parce que la baleine n'est pas un poisson. Cela vous étonne, n'est-ce pas, et pourtant cela est la vérité : la baleine n'est pas plus un poisson que la chauve-souris n'est un oiseau. Croyez-moi sur parole aujourd'hui, je vous expliquerai cela plus tard.

Ainsi le requin est le plus grand des poissons ; il en abuse pour manger tous ses collègues, sans dédaigner les baigneurs, s'il en rencontre sous la dent. C'est le caractère des poissons, race féroce s'il en fut. Ils passent leur vie à se manger les uns les autres. Il n'y a pas parmi eux de braves bêtes se nourrissant de grain comme un pigeon, ou d'herbe comme une vache. Non, tous mangeurs de viande, mangeurs de bêtes, *carnivores*, comme disent les savants. Je sais bien qu'il faut faire exception pour quelques poissons d'eau douce, carpes ou tanches, qui broutent des herbes aquatiques ; mais encore n'est-il pas prudent à quelque ver, quelque limace, ou même à quelque carpillon de passer à portée : il se fera happer. Mais pour les poissons de mer, tous mangeurs de viande.

Le requin se distingue entre tous. D'abord il a un principe : il avale tout ce qui passe dans son voisinage. Un poisson, une balle de coton, un mousse, une serrure, il l'engloutit d'abord ; on verra après, l'estomac reconnaîtra les siens. D'un seul coup de ses formidables mâchoires (fig. 261), il tranche la cuisse d'un homme. Aussi les matelots l'ont en horreur. Le pêcher à la ligne est leur grande joie, et cela n'est pas difficile, vu sa voracité crédule. Hissé sur le pont d'un bateau, assommé de peur des coups de queue, on l'ouvre et son estomac est un vrai magasin de bric-à-brac, et un riche magasin, l'estomac d'une bête longue de trente pieds.

Mais j'en entends un qui dit : — Et le *grand serpent de mer?* — Ah ! celui-là, tous les dix ans les journaux en parlent ; mais on ne l'a jamais vu que de loin, de bien loin. Je ne demande pas mieux que de croire à son existence, mais je voudrais d'abord qu'on en prît un, et qu'on l'empaillât !

Voyez-vous, il ne faut pas croire comme cela, sans réflexion, ce que vous disent des gens peu instruits, comme les matelots, et qui viennent de loin. Mais il ne faut pas non plus nier sans y regarder ce qu'ils racontent tous, sous prétexte qu'ils ne sont pas des savants. Le mieux est d'attendre, et de dire : Montrez-moi ce que vous dites avoir vu, et je le croirai après.

Aux siècles derniers, les marins racontaient comme une chose sûre que, dans les mers du Nord, vivait un animal horrible et gigantesque, muni de longs bras, avec lesquels il enveloppait et faisait submerger les petites barques, ou saisissait des hommes sur le pont des navires. Ils l'appelaient le *kraken*. On l'avait vu, dessiné. Mais de kraken entier ou même de morceau de kraken, on n'en avait jamais rapporté aux savants, aux naturalistes. Aussi, ceux-ci se mirent à nier le kraken, à ridiculiser la terrible bête et les gens qui en avaient peur. Eh bien, de-

puis quelques années, on a retrouvé de ces monstres ;
non pas, sans doute, capables de cueillir un matelot dans
les cordages d'un vaisseau, mais parfaitement de taille à le
saisir et à l'entraîner sans ressource s'ils le trouvaient à
l'eau. Que dites-vous d'une bête de 10 mètres de long,
faite comme un cornet, qui aurait à son gros bout dix bras
dont deux mesureraient 11 mètres ? N'y a-t-il pas là de
quoi justement effrayer ? Et qui vous dit qu'on ait vu le

Fig. 12. — Poulpe gigantesque attaquant un marin qui lui coupe deux bras.
— Ces bras à l'étalage. (D'après des dessins japonais.)

plus grand échantillon de cette espèce ? Bien mieux, on a
trouvé plusieurs espèces de ces krakens. Il en est à 10 bras,
il en est à 8 ; les premiers s'appellent *calmars* (fig. 13),

Fig. 13. — Calmar.

les autres *poulpes* (fig. 12 et 337) ou, comme on dit en Bre-
tagne, *pieuvres*. Vous voyez qu'il faut pardonner quelque
exagération aux braves matelots du dix-septième siècle,
montés sur leurs petits bateaux ; ils avaient bien vu le

kraken, mais la peur l'avait pas mal grandi à leurs yeux.

Qui sait s'il n'en sera pas ainsi quelque jour du grand serpent de mer ? Voyez-vous, mes enfants, il ne faut ni nier ni affirmer trop vite. Pour affirmer, attendez d'avoir les choses sous les yeux ; jusque-là, ne vous décidez pas, c'est le plus prudent.

Tous les animaux de grande taille dont je viens de vous parler ont des os dans le corps, excepté le kraken. Les animaux qui n'ont pas d'os, de parties dures dans le corps, ne peuvent pas devenir aussi grands ; comment pourraient-ils se soutenir sur le sol? Ils s'écraseraient sur eux-mêmes, comme une masse de gelée. Pour se soutenir, il leur faut une carcasse solide. S'il y a exception pour le kraken, c'est qu'il est aquatique, et, comme je vous l'ai déjà fait observer à propos de la baleine, l'eau le soutient.

Mais les autres animaux sans os restent toujours petits. Le plus gros des insectes n'est pas de la taille d'un rat ; la plus grosse des araignées est comme une souris (fig. 89). Il y a bien, dans la mer surtout, des vers qui sont très longs ; mais cela n'est rien à côté des animaux à os.

Seulement, si les animaux sans os ne sont pas grands, on en trouve parmi eux d'extraordinairement petits ;

Fig. 14. — Musaraigne.

Fig. 15. — Oiseau-mouche.

tandis que les animaux à os ont toujours une certaine taille Le plus petit des quadrupèdes, la *musaraigne*

d'Italie (fig. 14), est grosse encore comme le petit doigt ; le plus petit des oiseaux, l'*oiseau-mouche* (fig. 15), est gros comme un bourdon ; je ne connais pas de poisson qui n'atteigne quelques centimètres de longueur.

Il en est tout autrement pour les animaux sans os. On en trouve, et beaucoup, de si petits, qu'on ne peut plus les voir, et que l'on ne les connaît que depuis l'invention des instruments qui grossissent les objets, la *loupe* et le *microscope*.

Mais avant d'en arriver à ceux-ci, occupons-nous un peu des végétaux les plus gros. Ici, nous sommes arrêtés par une sérieuse difficulté. Nous connaissons bien la taille de l'éléphant ou de l'autruche, etc. ; elle est la même, à peu de chose près, pour tous les animaux de ces espèces qui ne sont plus tout jeunes. En d'autres termes, les animaux grandissent vite, et atteignent des dimensions qu'ils ne dépasseront plus, quelque temps qu'ils vivent encore.

Fig. 16. — Vieux chêne à Corthorpe (Angleterre).

Pour les arbres, il en est tout autrement ; ils vivent presque indéfiniment et grandissent plus ou moins chaque année, d'où il suit qu'il semble ne pas y avoir de limites à leur taille. Cependant, il y a des espèces qui deviennent plus fortes que d'autres, et parmi elles on cite de vieux individus qui atteignent des proportions extraor-

dinaires: nos chênes, nos châtaigniers d'Europe, dont les
dimensions ordinaires vous sont bien connues, ont des

Fig. 17. — Figuier des Banians (Inde).

représentants vraiment étonnants de grandeur et de grosseur. On cite sur l'Etna un châtaignier dont la tige me-

Fig. 18. — Bal sur un tronc de Sequoia (Amérique).

sure 18 mètres de circonférence. Il y a en Europe des
sapins atteignant 70 mètres de hauteur ; on cite des

chênes (fig. 16) ayant 12 et 15 mètres de circonférence, des tilleuls presque aussi gros.

Mais ces dimensions, extraordinaires pour les arbres d'Europe, se rencontrent fréquemment pour d'autres espèces qui la plupart habitent les pays chauds. Ainsi, dans l'Inde pousse une sorte de *figuier* qui devient énorme : on l'appelle *Figuier des Banians*. De ses branches descendent verticalement des racines qui vont s'enfoncer en terre. Il en résulte une sorte de petite forêt, à l'ombre de laquelle les éléphants eux-mêmes se promènent aisément (fig. 17). En Afrique, les *boababs* sont remarquables surtout par la grosseur : on en a vu dont la circonférence était de 30 mètres, ce qui est énorme, surtout pour un arbre qui n'a pas 30 mètres de hauteur. Un cyprès qui vit encore près de la ville de Mexico a environ 36 mètres de circonférence : Fernand Cortez, le *conquistador*, s'est, dit-on, reposé sous son ombre. Le *Sequoia gigantea*, arbre d'Amérique voisin de nos sapins, et qui, depuis plusieurs années, compte parmi les plus beaux arbres d'ornement de nos jardins, a présenté des individus attei·gnant la hauteur de 120 mètres, c'est-à-dire presque le double de la hauteur des tours de Notre-Dame de Paris : en telle sorte que si une allée de ces arbres gigantesques était plantée dans le fond de la mer entre Douvres et Calais, leurs sommets dépasseraient de moitié le niveau de l'eau à l'endroit le plus creux. Pour vous donner une idée de leur grosseur, je vous dirai qu'on a pu donner un bal sur le tronc de l'un d'eux, scié à hauteur d'homme au-dessus du sol (fig. 18) : sa circonférence était de 33 mètres.

TROISIÈME LEÇON

LES ÉTRES VIVANTS VISIBLES A LA LOUPE ET AU MICROSCOPE

SOMMAIRE : La loupe et le microscope. — Animaux visibles à la loupe : hydre, acarus, phylloxera. — Les animaux visibles au microscope : les infusoires, le charbon. — Les végétaux microscopiques. — Examen à la loupe et au microscope des parties du corps d'êtres de grande dimension.

Je vous ai dit dans notre dernière leçon qu'il est des animaux et des végétaux si petits qu'on ne peut les voir *à l'œil nu*, et que pour les examiner il faut employer les instruments grossissants que nous avons appelés la *loupe* (fig. 19) et le *microscope* (fig. 24).

La *loupe*, vous la connaissez ; c'est tout simplement un

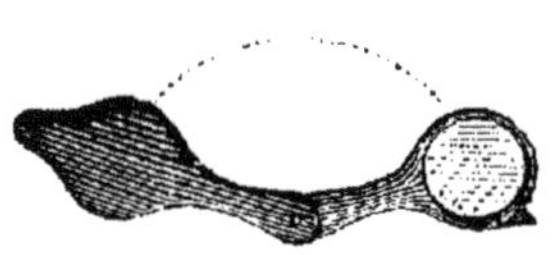

Fig. 19. — Loupe a main.

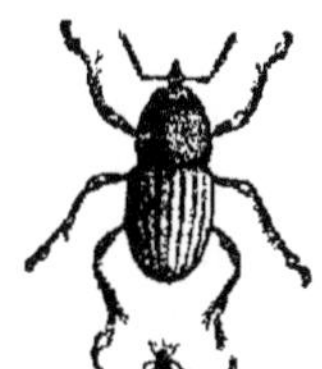

Fig. 20. — Un charançon
(grandeur naturelle et grossi).

morceau de verre rond, plus épais à son milieu que sur ses bords : cette forme lui a fait donner, par une comparaison facile à comprendre, le nom de *lentille*. Comment il se fait qu'en la plaçant entre l'œil et un certain objet, celui-ci nous apparaisse plus gros qu'il n'est réellement, c'est ce que vous apprendrez plus tard, dans les cours de

2.

physique. Aujourd'hui, je me contenterai de vous prouver le fait en lui-même. Examinez avec une loupe ce petit charançon (fig. 20) que vous apercevez à peine à l'œil nu : il va vous paraître 2, 3, 4, 7, 10 fois plus long, selon la force de la loupe, et aussi 2, 3, 4, 7, 10 fois plus large ; vous en verrez ainsi les détails : tête, pattes, antennes, vont vous apparaître.

Les grossissements que je viens de vous indiquer sont à peu près tout ce que donnent les loupes. Les *microscopes* grossissent bien autrement ; les objets que nous regardons y paraissent 100, 200, 500 fois plus longs qu'ils ne sont ; on a même obtenu des grossissements de 1000 et de 1,200, mais pas bien nets.

Vous comprenez que de pareils instruments nous ont fait découvrir des choses que jamais notre œil n'eût, sans eux, connues. Mais la révélation la plus curieuse peut-être est celle d'animaux et de végétaux extraordinairement petits. On les trouve grouillant en quantité dans les eaux dormantes, partout où pourrissent des débris animaux ou végétaux. Prenez du foin, mettez-le infuser dans de l'eau, et vous verrez bientôt celle-ci se troubler, à cause des myriades de petits êtres qui s'y sont développés, et qui ont bien mérité, comme vous voyez, le nom d'*Infusoires* (fig. 26), sous lequel on les désigne.

Examinons ensemble quelques-uns des petits êtres que nous ont fait découvrir, ou que nous ont fait mieux connaître, la loupe et le microscope.

Sous une de ces petites plantes qui recouvrent souvent d'un vert tapis les eaux stagnantes, voici un petit animal bizarre, long de quelques millimètres : on l'appelle *hydre*. Il est attaché à la face inférieure de la feuille, et pend, la bouche en bas (fig. 21). Autour de cette bouche, s'allongent des espèces de fils qu'il peut mouvoir à volonté, des *tentacules*, comme on dit, avec lesquels il saisit des ani-

maux plus petits que lui, et en fait sa nourriture. C'est
un bien bizarre animal : si on le coupe en
deux, d'un coup de ciseaux, cela ne l'effraie
guère : chaque moitié continue à vivre,
et repousse, pour se compléter, la partie
qu'on lui avait enlevée. On l'eût coupé en
quatre ou en six, que cela eût été la même
chose : avouez que cela est très commode.
Jean-Pierre, le garde champêtre, donne-
rait beaucoup pour que la jambe qu'on
lui a coupée à Metz repousse de même :

Fig. 21. — Hydre
(grossie).

sans tenir, du reste, à ce que à sa jambe coupée se ra-
joutent un corps et une tête.

Prenons un animal encore plus petit. Je vous le montre au bout d'une aiguille, et c'est à peine si vous le
voyez à l'œil nu. Avec une bonne
loupe, vous distinguez un gros
corps, muni de huit petites pattes. Ce vilain animal, que le mé-
decin vient de me donner, il l'a
extrait de la peau d'un malheureux atteint de la *gale* (fig. 22).
C'est ce petit monstre qui, pul-
lulant sur la peau, et s'y creusant
de petites galeries, détermine les
affreuses démangeaisons et les
maladies de peau qui caractérisent la gale. Jadis on ignorait
cela, et on faisait prendre aux
galeux toutes sortes de remèdes,
qui ne leur pouvaient faire ni bien

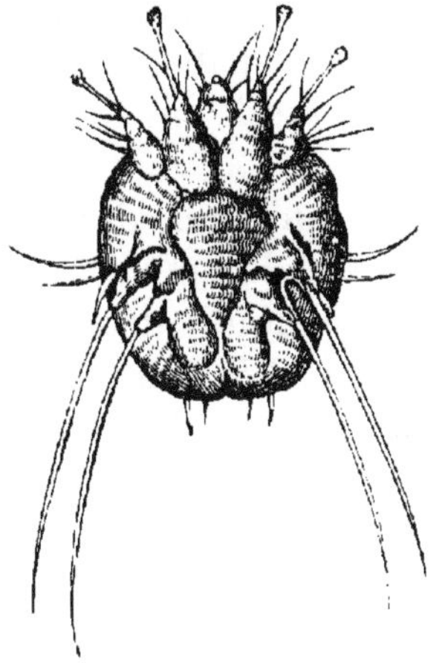

Fig. 22. — Acarus de la gale
(très grossi).

ni mal. Aujourd'hui, on les frotte avec une pommade insec-
ticide, et les petites bêtes sont tuées en un clin d'œil. Voyez
ce que c'est que de savoir à quoi et à qui l'on a affaire.

Voici une autre bestiole, à peu près de la même taille,

qui est encore plus redoutable, bien qu'elle ne s'attaque
pas directement à nous. C'est le célèbre et terrible *phyl-*

Fig. 23. — Phylloxera
(très grossi).

loxera (fig. 23) (nom qui veut dire
le sécheur de feuilles), qui ronge
les bouts tendres des plus petites
racines de la vigne, et la fait ainsi
mourir de faim. Sans la loupe, on
ne se serait peut-être jamais douté
de sa présence , et l'on n'aurait
su jamais comment attaquer une maladie dont on n'aurait pas connu la cause. On sait aujourd'hui à quoi
s'en tenir. Mais vous comprenez, cela est plus difficile
à soigner et à guérir que la gale : on ne peut pas
aller frotter de pommade les extrémités des racines de
la vigne. Il a fallu inventer des *insecticides* liquides qu'on
introduit profondément en terre, et qui donnent des
vapeurs capables de tuer l'animal. Mais cela coûte gros,
et ne réussit pas toujours.

Les animaux dont je viens de parler sont visibles à
l'œil nu ; la loupe suffit pour permettre de les connaître
avec quelques détails. Notez, pour le dire en passant,
qu'on voit à l'œil nu, et vous surtout, enfants, avec vos
bons yeux de dix ans, un objet qui n'a qu'un dixième de
millimètre de longueur.

Mais il est des animaux qui n'ont qu'un centième de
millimètre, et même moins. Ceux-là, il ne faut pas penser à les voir à l'œil nu ; à peine les plus fortes loupes
permettent-elles d'en avoir connaissance, lorsqu'ils sont
nombreux et qu'ils remuent. Mais avec le microscope,
on en découvre en nombre extraordinaire et présentant
une étonnante variété de formes.

Si l'on effrite, sur le verre appelé *porte-objet* du microscope (fig. 24, P), un peu de ces mousses qui poussent sur
les toits des vieux murs et qui dessèchent complètement

en été, on aperçoit, parmi les fragments et débris divers, de petits corps à peu près ronds, jaunâtres, immobiles. Que si l'on ajoute quelques gouttes d'eau, on voit au bout

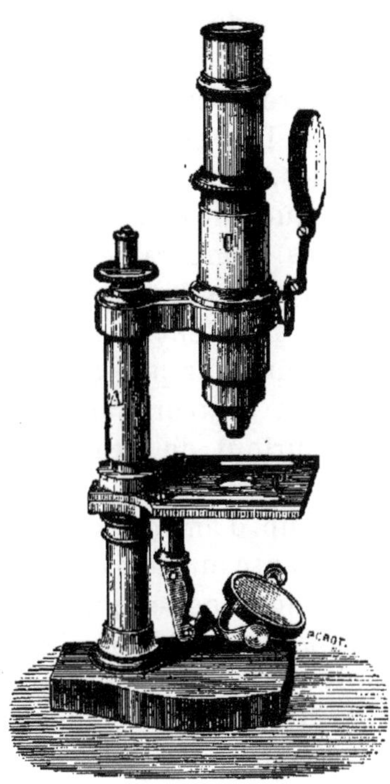

de peu d'instants ce petit corps se dérouler et se transformer en un vérita- ble animal qui va et vient dans le liquide (fig. 25). Lorsque celui-ci se dessè- che, la bestiole s'enroule et se dessèche aussi. Voilà, vous l'avouerez, un animal qui a le caractère bien fait ! S'il pleut, il est enchanté, se promenant et cherchant à manger parmi la mousse mouillée. Si le soleil re- vient et sèche tout, il ne

Fig. 24. — Microscope.   Fig. 25. — Rotifères (tres grossis).

se fâche pas pour cela ; il se laisse sécher, s'endort, et attend tranquillement la pluie prochaine. De cette façon, il se tire toujours d'affaire à son honneur.

Les infusoires qui s'agitent par milliers dans les eaux où pourrissent des débris végétaux et animaux sont ex- trêmement variés de forme (fig. 26). Il en est de tout ronds, d'autres faits comme des cornets, des pains de sucre, des raquettes, des châtaignes hérissées de pointes, que sais-je ! Les uns rampent sur le fond, d'autres nagent en s'allongeant et se raccourcissant, d'autres font mouvoir avec une extraordinaire vitesse les petits poils dont ils sont recouverts. Rien de plus diversifié et de plus curieux.

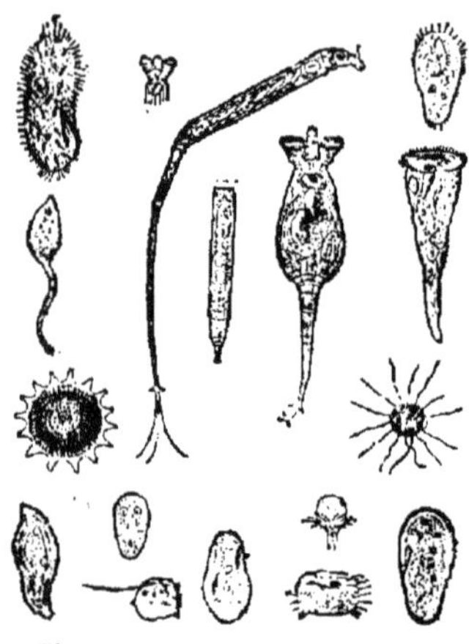

Fig. 26. — Divers Infusoires (très grossis).

Mais tous ces petits êtres sont encore assez gros. A l'intérieur de leur corps, on voit des taches, des points qui indiquent quelque chose de plus ou moins comparable à un estomac, à des organes intérieurs ; ils semblent assez compliqués dans leur petitesse.

Il en est d'encore plus petits et surtout de beaucoup plus simples.

Beaucoup d'entre vous ont sans doute entendu parler d'une affreuse maladie qui tue par an en France des milliers de moutons, et qui trop souvent frappe mortellement les hommes : on l'appelle le *charbon*. Or, ce charbon est produit par le développement dans le sang de myriades de petits êtres qui ressemblent, sous les plus forts grossissements des microscopes, à de tout petits fils de cristal. On ne leur voit ni poils à l'extérieur, ni organes à l'intérieur, sauf quelques petits points brillants, qui sont leurs graines.

Rien de plus simple, et ce semble, rien de plus petit, de plus misérable, de plus méprisable en apparence. Vous voyez cependant qu'on aurait tort de dédaigner ces petits êtres ; ils sont plus dangereux que la plus féroce des bêtes sauvages, que le plus venimeux des serpents. La Fontaine a dit il y a longtemps :

... Parmi nos ennemis
Les plus à craindre sont souvent les plus petits.

En histoire naturelle surtout, il ne faut pas juger de l'importance des êtres sur la taille ni sur la mine.

D'autres végétaux, bien que de plus grande taille, ne sont visibles qu'à la loupe et même qu'au microscope : telles sont les moisissures qui poussent sur les matières

Fig. 27 — Moisissures diverses vues à la loupe.

en décomposition (fig. 27). Ces êtres microscopiques, ces microbes, comme on dit, sont des végétaux. Nous en parlerons avec plus de détails en étudiant l'histoire naturelle des végétaux. Je ne vous citerai aujourd'hui qu'un exemple.

Ceux d'entre vous qui sont nés dans un pays vignoble savent qu'avant l'invasion du phylloxera, qui ne date que d'une quinzaine d'années, bien qu'elle ait déjà détruit des milliers d'hectares de vigne, cette brave plante avait déjà été éprouvée par une maladie qui parfois allait

Fig. 28. — Grain de raisin fendu par
l'oïdium.

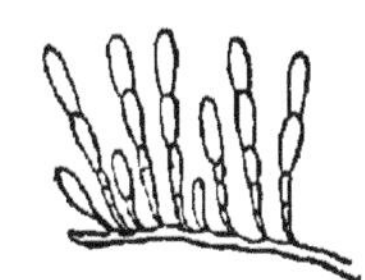

Fig. 29. — Filaments de l'oïdium
(très grossis).

jusqu'à la tuer. C'était comme une poussière grisâtre qui recouvrait les feuilles et les fruits, en empêchant ceux-ci de grandir et de mûrir (fig. 28). Or, en examinant cette poussière au microscope, les savants reconnurent qu'elle était formée par la réunion de végétaux très petits qu'ils appelèrent *oïdium* (fig. 29). Quand ceci fut constaté, le remède ne se fit pas attendre : bien connaître son ennemi, c'est la moitié de la victoire. On savait que tous les petits végétaux ont horreur du soufre. Il a donc suffi de saupoudrer les parties malades avec du soufre en poussière, ce qu'on appelle de la *fleur de soufre*, pour les guérir sûrement, rapidement et économiquement.

Vous pensez bien que lorsqu'on a eu inventé la loupe, puis le microscope, on ne s'en est pas servi seulement pour découvrir des bêtes ou des plantes nouvelles. On s'en est servi aussi pour voir avec plus de détails les diverses parties des êtres parfaitement visibles à l'œil nu.

Je ne puis vous conseiller de persécuter vos parents pour qu'ils vous achètent à chacun un microscope, d'abord parce que c'est un instrument assez coûteux, ensuite parce qu'il est difficile à manier. Mais j'oserais presque le faire à propos de la loupe. Vous ne sauriez croire combien d'observations amusantes et instructives vous pourriez faire avec une simple loupe grossissant 3 ou 4 fois.

Si vous regardez avec elle — et vous saurez vous en servir de suite — la surface de votre peau, vous y verrez, parmi les petits poils qui sembleront des crins, les petits trous par lesquels sort la sueur en gouttelettes presque invisibles. Les feuilles vous montreront le fin duvet qui les garnit; les pattes d'une mouche, les crochets qui les terminent; ses ailes, les poils qui les hérissent ; vous verrez distinctement se dérouler la trompe du papillon (fig. 30) garnie de petites saillies (fig. 31), et sur ses ailes, rangées bien régulièrement, les petites écailles qui leur donnent leur couleur, et qui vous restent aux doigts quand vous saisissez l'animal. Que vous dirai-je ? Tout sera pour vous une occasion d'observations, de découvertes pour votre propre compte.

Fig. 30. — Trompe de papillon.   Fig. 31. — Trompe de papillon (très grossie).

Naturellement, le microscope, grossissant bien plus, montre bien plus de choses, ou montre les mêmes choses bien plus distinctement. Ces écailles du papillon, que la loupe vous aura fait découvrir, vous les verrez, grâce à lui, avec tous les délicats détails de leur structure (fig. 32).

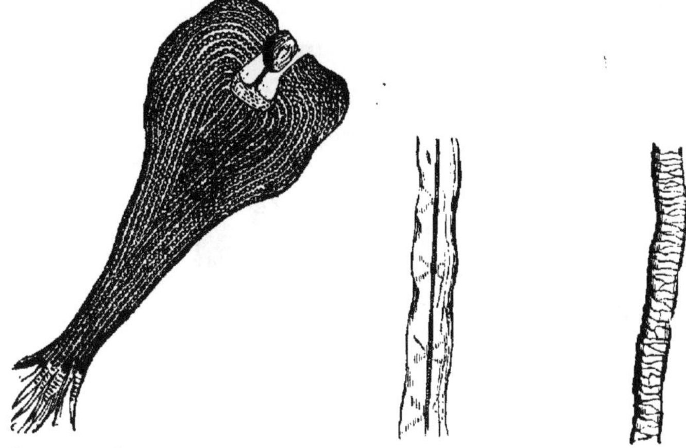

Fig. 32. — Écaille de papillon.   Fig. 33. — Brin de laine   Fig. 34. — Fibre de
(très grossie).   de mouton (très grossi).   lin (très grossie).

Il vous donnera le moyen de distinguer entre eux les poils des divers animaux, et rien ne vous sera plus facile

P. Bert. — Zoologie (8me).   3

que de savoir s'il y a du lin ou du coton mélangé à une étoffe de laine (fig. 33 et 34) ; ce que votre maman serait si souvent satisfaite de savoir.

Mais il y a plus : il vous révélera ce dont vous ne vous

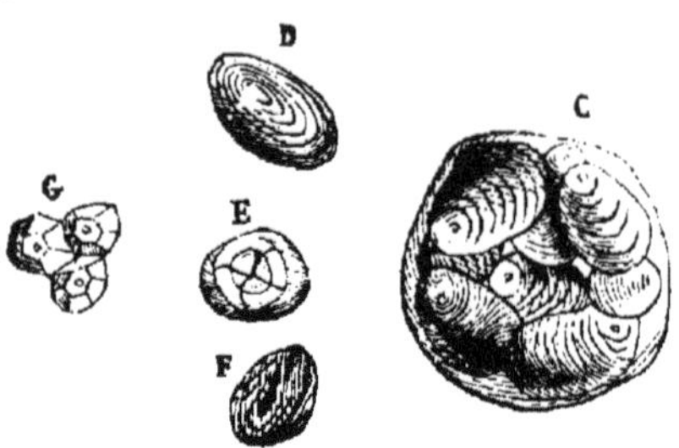

Fig. 35. — Grains de diverses fécules (très grossis). — C, cellule remplie de grains de fécule de pomme de terre. — D, grain de fécule de froment gonflé par l'eau. — E, *idem*, chauffé et fendillé. — F, *idem*, sec et coupé par moitié. — G, grains de fécule de maïs.

doutez pas. Il vous fera voir la farine composée de petits corps dont la forme varie suivant qu'elle vient du blé, de

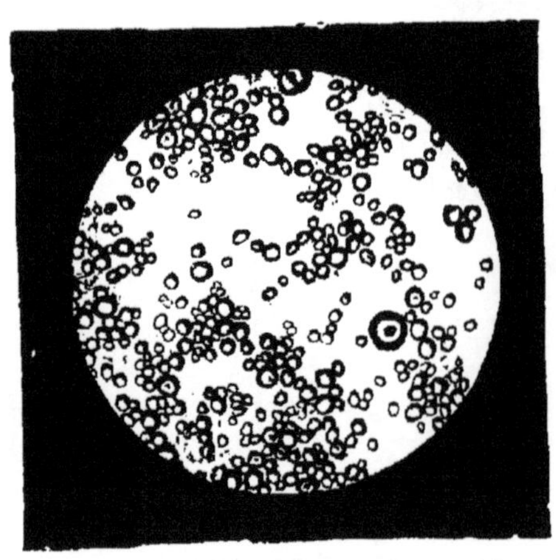

Fig. 36. — Globules du lait (très grossis).

la pomme de terre (fig. 35), etc., ce qui est aussi bien utile à connaître. Il vous fera voir dans le lait de petits globules blancs (fig. 36), et dans une gouttelette de notre sang (fig. 37) des myriades de petits disques rouges qui lui donnent sa couleur et qui sont si nombreux, que si l'on mettait bout à bout tous ceux qui se trouvent dans le corps d'un seul homme, ils formeraient, malgré leur petitesse,

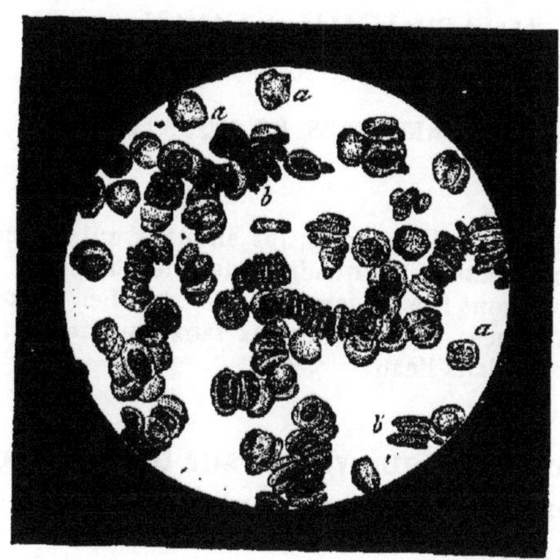

Fig. 37. — Globules du sang : *a*, vus de face , *b*, vus de travers (très grossis).

une chaîne qui pourrait faire quatre fois le tour de la terre.

Mais arrêtons-nous ici, je n'en finirais plus à vous chanter les merveilles du microscope ! Je voudrais seulement vous en avoir assez dit pour vous donner plus tard envie de les étudier avec quelques détails.

QUATRIÈME LEÇON

ANIMAUX TERRESTRES ET AQUATIQUES.

Sommaire : Les animaux qui rampent ; les animaux qui marchent : les mille-pattes, les insectes, les quadrupèdes, les bipèdes, l'homme ; les animaux qui nagent : leurs formes variées. — Les animaux d'eau de mer et d'eau douce. — Les animaux faux-aquatiques ; la respiration dans l'air et dans l'eau.

Il y a des animaux qui vivent sur terre, il y en a qui vivent dans l'eau : les premiers sont appelés *terrestres ;* les seconds, *aquatiques.*

ANIMAUX TERRESTRES.

Parmi les animaux terrestres, il en est qui se traînent sur la surface du sol par une étendue plus ou moins considérable de leur corps, c'est ce qu'on appelle *ramper*. Ainsi font les limaces (fig. **38**), les vers de terre, les serpents.

Fig. 38. — Limace.

Naturellement, ces animaux-là ne sont pas bien vifs : c'est dur et cela frotte de traîner ainsi tout son corps par terre.

Il est bien plus avantageux de le tenir en l'air, à distance du sol, n'y appuyant que de place en place par des tiges mobiles, des *pattes*, qui alternativement s'élèvent et se rabaissent. Il y a là la même différence qu'entre un traîneau et une voiture avec ses roues.

Aussi, presque tous les animaux terrestres ont des pattes. Certains en si grand nombre que, désespérant de les compter, on les appelle avec une

Fig. 39.—Mille-pattes (Iule.)

grande exagération des *mille-pattes* (fig. 39). Ça ne doit pas être trop commode non plus de courir avec tant de pattes que cela ; nous qui n'en avons que deux, il nous arrive de les accrocher l'une l'autre et de tomber! Moi, il me semble que je serais gêné si j'étais scolopendre (fig. 69) ; ça paraît être aussi l'avis des autres animaux, car il y en a bien peu qui aient tant de jambes.

Après les mille-pattes, ceux qui en ont le plus sont les araignées (fig. 40) : leur gros corps tout rond est soutenu par huit pattes. Puis, viennent les insectes, six pattes. Faites bien attention à cela ; tous les vrais insectes ont six pattes, et il n'y a qu'eux qui aient six pattes. Prenez un hanneton ; il a six pattes. Une puce : six pattes. Une mouche (fig. 41), A; un bourdon, B ; une sauterelle, C ; une demoiselle, D ; un cerf-volant, E : six pattes. Ainsi, les bêtes à six pattes sont innombrables ; partout on en voit *marcher*, *courir*, et lorsqu'elles ont

Fig. 40. — Araignée.

de très longues pattes de derrière, *sauter*, parfois à une distance extraordinaire. Voyez la puce : elle n'a guère que deux millimètres de long; elle saute facilement à 50 centimètres devant elle et à 30 centimètres en hauteur. C'est comme si vous, vous faisiez un bond de 250 mètres de long et de 150 de haut.

Après les bêtes à six pattes, les plus nombreuses sont

celles à quatre, les *quadrupèdes*. Tels sont d'un côté les lézards (fig. 42), les tortues au corps écailleux (fig. 91), les

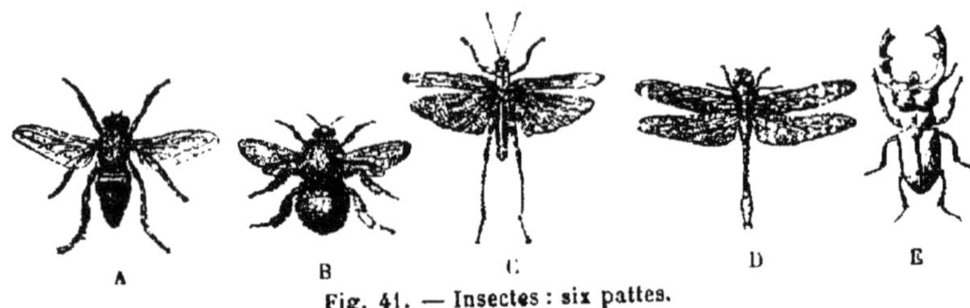

Fig. 41. — Insectes : six pattes.

grenouilles à la peau nue et de l'autre les chevaux, les
chiens, les souris, les bœufs, etc., en un mot, presque
tous les animaux couverts de *poils*.

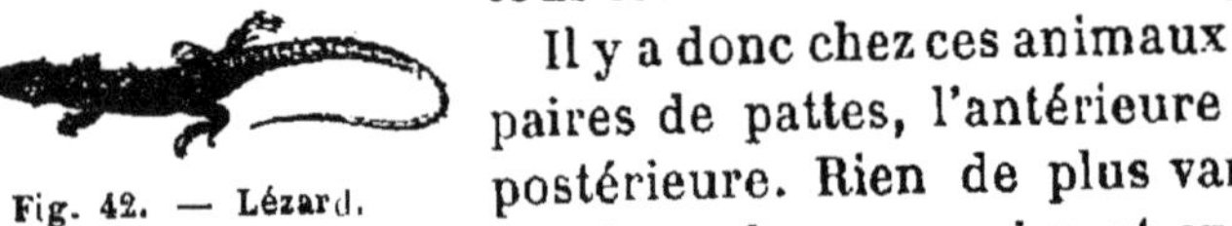

Fig. 42. — Lézard.

Il y a donc chez ces animaux deux
paires de pattes, l'antérieure et la
postérieure. Rien de plus variable
que leurs formes, qui sont en rap-
port avec l'usage qu'en fait l'animal. S'il court tout simplement, comme le cheval ou le chevreuil (fig. 43), ses
quatre pattes se ressemblent
beaucoup. S'il grimpe sur les
arbres, ses pattes de devant
seront plus courtes que celles
de derrière, et elles seront libres et armées de griffes,
comme il arrive chez l'écureuil (fig. 44) ; ou bien elles
seront disposées de manière à
pouvoir *empoigner* les branches, comme chez les singes

Fig. 43. — Chevreuil.

(fig. 47). S'il se creuse des terriers profonds dans le sol,
comme la taupe (fig. 45), elles seront fortes, aplaties, capables de faire à la fois l'office de pioche et de pelle. Chez
certains, les pattes postérieures sont extraordinairement

vigoureuses et longues ; et alors l'animal saute avec une
grande force, comme la gerboise d'Afrique (fig. 46), ou le

Fig. 44. — Ecureuil.

Fig. 45. — Taupe.

kanguroo d'Australie (fig. 131), mais toujours bien moins
vigoureusement que la puce ou même la sauterelle.

Enfin, les oiseaux et nous, nous ne touchons le sol que
par la paire postérieure de pattes. Cela n'empêche pas l'an-

Fig. 46. — Gerboise.

Fig. 47. — Chimpanzé

térieure d'exister, bien entendu. Mais chez les oiseaux elle
s'est transformée en une paire d'*ailes*, qui servent à *voler* :
c'est ce dont je vais vous parler dans un moment. Chez
nous, elle est devenue libre, et peut nous servir à mille
ouvrages. Songez comme ce serait gênant, si nous mar-
chions à quatre pattes ! Que deviendraient nos mains,
et dans quel état les trouverions-nous lorsque, nous
arrêtant et nous asseyant, nous voudrions prendre quelque nourriture ou travailler à quelque ouvrage : sales,
cornées, maladroites, engourdies, elles ne nous seraient

bonnes à rien. Et au contraire, libres, loin du sol, toujours prêtes, que de services elles nous ont rendus! Sans elles. point d'arts, point d'industries, point de civilisation : on ne se figure pas plus l'homme sans mains que sans langue.

Voilà les avantages que nous trouvons à marcher sur deux pieds, à être des *bipèdes*. Mais il ne faudrait pas pour cela nous figurer que nous sommes faits d'une autre pâte que le reste des animaux, et qu'il n'y a rien de commun entre eux et nous. Bien au contraire, nous leur ressemblons singulièrement, et pour ne parler que des membres, examinez la patte de devant de votre chien, vous y trouverez comme dans la nôtre un *bras*, un *avant-bras*, une *main*, des *doigts*, comme vous distinguerez dans

sa patte de derrière une *cuisse*, une *jambe*, un *pied*, des *orteils*. Il n'y a pas là grande différence. Et le bœuf (fig. 48) vous montrera la même chose, avec 2 doigts seulement à la main et au pied. Aussi le cheval (fig. 49), quoiqu'il paraisse bien différent, n'ayant plus qu'un doigt.

Fig. 48. — Pied de bœuf.   Fig. 49. — Pied de cheval.

C'est ainsi que l'animal terrestre se perfectionne au fur et à mesure qu'il touche de moins en moins le sol.

Serpent, il se traîne, pouvant à peine soulever la tête; quadrupède, il court et saute aisément; bipède, il garde libres pour d'autres usages ses membres antérieurs, et ne s'en tient pas moins solide et alerte sur terre.

ANIMAUX AQUATIQUES.

L'animal aquatique ne peut pas être aussi libre que l'animal terrestre. L'eau le porte, cela est vrai, mais elle l'emporte aussi ; s'il veut s'y mouvoir, il lui faut lutter, surtout pour remonter les courants. Aussi, ceux qui vont vite, qui *nagent* bien et rapidement, ont la forme d'un fuseau et sont presque pointus des deux bouts, ce qui leur permet de fendre aisément l'eau ; de plus, ils sont munis d'espèces de rames auxquelles on donne le nom de *nageoires*. Il y en a avec lesquelles ils se poussent en avant, d'autres qui frappent l'eau de telle sorte qu'elles les font soit monter, soit descendre (fig. 325). Enfin, ils se meuvent aussi en se tortillant, comme font les anguilles (fig. 50), ou en frappant l'eau à droite et à gauche avec leur queue, comme font les *poissons* ordinaires. Re-gardez un poisson soit dans la ri-vière, soit dans un *aquarium :* vous le voyez, lorsqu'il avance, tourner

Fig. 50. — Anguille.

la queue à droite et à gauche, et cela quelquefois avec tant de force, comme lorsqu'il a peur et veut fuir, qu'il arrive à faire sauter l'eau avec bruit.

Puisque j'ai parlé des poissons, je dois vous mettre en garde contre une erreur. Bien des personnes appellent *Pois-sons* tous les animaux qui vivent dans l'eau, comme d'au-tres appellent *insectes* toutes les petites bêtes. Il ne faut pas dire cela. Les insectes, nous l'avons vu, ont tous six pattes ; les poissons sont des animaux ayant des os et des écailles.

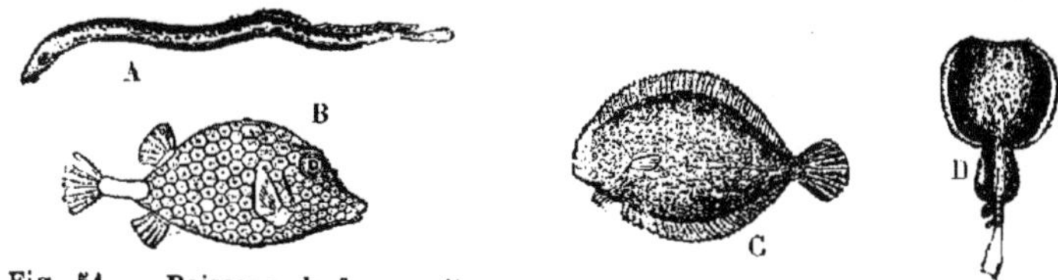

Fig. 51. — Poissons de formes diverses. — A lamproie ; B, poisson-coffre ; C, turbot ; D, torpille.

De tout cela nous aurons occasion de reparler plus tard.
Les poissons sont bien variés de forme (fig. 51),

3.

mais cela n'est rien à côté des autres animaux aquatiques (fig. 52). Il y en a de tous les aspects, et souvent
des plus étranges : les écrevisses, les crabes (fig. 204), les
calmars (fig. 13), les huîtres, les étoiles de mer, les méduses (fig. 340), les coraux (fig. 316), que sais-je? Il y

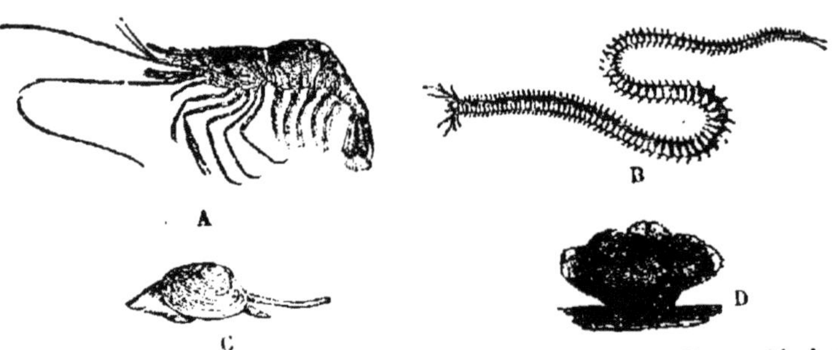

Fig. 52. — Animaux aquatiques. — A, crustacé ; B, ver ; C, mollusque bivalve
D, éponge.

en a des milliers d'espèces. C'est une grosse difficulté
que de se débrouiller là dedans, d'y mettre un peu d'ordre, de savoir comment tout cela vit, comment tout cela
est fait. Les savants qui s'occupent spécialement des
animaux, et qu'on appelle pour cela des *Zoologistes*
(mot formé de deux mots grecs : *zôon*, animal et *logos*,
histoire), ont eu beaucoup de peine à voir clair dans l'histoire des animaux aquatiques, surtout de ceux qui n'ont
pas d'os. Mais que de curieuses choses, et utiles à savoir,
et amusantes à apprendre, ils ont découvertes! Et quel
dommage que nous ne puissions pas en parler cette année! Mais le temps nous manquerait : nous reprendrons
cela dans trois ans, quand vous serez en cinquième.

L'eau de la mer est salée, vous le savez tous, tandis
que celle des rivières est douce et bonne à boire. Or, les
animaux marins ne sont pas les mêmes que les animaux
d'eau douce. Vous ne trouverez pas en mer de carpes ou
de brochets, ni d'écrevisses, pas plus que dans les rivières

de harengs, de maquereaux ou de homards. Il y a plus, si vous plongez un goujon, par exemple, dans l'eau de mer, il périt immédiatement ; de même pour une crevette (fig 52, A) que vous plongeriez dans l'eau douce. Mais si vous aviez ajouté à cette eau une quantité de *sel marin* égale à celle que contient l'eau de mer, l'animal aurait parfaitement vécu.

Or, il est très curieux de voir que certains animaux passent une partie de leur vie dans l'eau douce, une autre dans l'eau salée. Ainsi les saumons habitent la mer pendant plusieurs mois, puis ils remontent les fleuves, et vont pondre près de leurs sources. Inversement, les anguilles vivent régulièrement dans les rivières ; mais à un moment donné elles descendent et vont pondre à la mer. La distinction entre les animaux marins et les animaux d'eau douce n'est donc pas aussi tranchée qu'on le pourrait croire.

Mais enfin, tous les animaux dont je viens de vous parler sont des animaux aquatiques, véritablement aquatiques. Il en est d'autres qui ont l'air d'être aquatiques, et qui ne le sont pas en réalité. Tels, par exemple, les grenouilles, les crocodiles, les phoques, les marsouins, les baleines...

— Comment, direz-vous ? Les baleines ne sont pas des animaux aquatiques ? Passe encore pour les crocodiles, les phoques (fig. 53), qu'on voit alternativement dans l'eau et sur le bord. Mais les baleines ! Elles vivent continuellement dans l'eau, et si, par malheur, elles s'engagent à marée haute sur des hauts-fonds qui découvrent à marée basse, et si elles y

Fig. 53. — Phoque.

échouent sur le sable, c'en est fait d'elles, elles périssent bientôt. Et vous dites qu'un animal qui ne peut vivre hors de l'eau n'est pas un animal aquatique ?

— Oui, sans doute, vous avez raison à votre point de vue,
mais moi je n'ai pas tort non plus : il suffit de s'entendre.
Car j'appelle aquatique un animal qui peut vivre dans
l'eau, ou pour mieux dire *sous l'eau*, et la baleine ne le
peut pas. Si vous mainteniez une baleine sous l'eau pendant une heure, elle périrait noyée, comme ferait un
homme en quatre ou cinq minutes. Je vois bien que vous
riez. Vous vous dites que vous voudriez bien m'y voir à
tenir une baleine en pleine mer sous l'eau. Mais demandez aux pêcheurs de baleine, ou lisez leurs récits. Ils vous
diront tous que, de temps en temps, tous les quarts-
d'heure environ, la baleine est obligée de revenir à la
surface de l'eau. — Et pourquoi faire ? — Pour respirer.

— Pour respirer ? Qu'est-ce que c'est que cela respirer ?
— Oh ! l'explication complète est bien difficile, si difficile
que nous n'en parlerons pas sérieusement avant quelques
années. Mais enfin, vous savez bien tous que vous respi-
rez, que régulièrement vous introduisez dans votre poitrine, par la bouche ou par le nez, de l'air que vous
rejetez quelques instants après. Vous savez bien aussi que
si l'on vous empêchait de respirer en mettant la main sur
votre bouche, ou en vous plongeant la tête sous l'eau, vous
éprouveriez bientôt un grand malaise, et même que vous
finiriez par mourir, par
être *asphyxiés*, comme
disent les médecins.

Fig. 54. — Baleine.

Eh bien, la baleine
asphyxierait sous l'eau
tout comme vous, bien
que moins vite. Il faut
qu'elle revienne à la surface respirer, et elle commence
aussitôt par chasser le mauvais air qu'elle a dans la
poitrine, et en même temps de l'eau contenue dans
certains réservoirs, ce qui lance deux grosses colonnes
d'eau mélangée d'air (fig. 54).

Pour une grenouille, c'est la même chose ; mettez-la dans un panier plongé sous l'eau dans une rivière ; au bout de quelque temps vous la retirez morte, asphyxiée.

Mais un poisson, une écrevisse, une huître, vous donneraient un résultat contraire. Si l'eau où vous les plongez complètement est suffisamment renouvelée, ils y respirent indéfiniment. Ce sont de vrais animaux aquatiques.

Mais, direz-vous, les animaux aquatiques ne respirent donc pas ? — Si, ils respirent. — Mais ils respirent donc sans venir à l'air ? — Oui. — Que respirent-ils donc alors ? — Ah ! vous commencez à m'embarrasser, pas pour moi, qui connais bien la chose, mais pour vous, qui aurez peut-être quelque peine à la comprendre.

Il le faut cependant. Essayons un peu.

Allez au robinet de la fontaine, et faites tomber de l'eau dans un verre, d'un peu haut, jusqu'à ce qu'il soit plein. Mettez ce verre d'eau sur la table, là, au soleil, et attendez un peu. Au bout de quelques instants, vous voyez apparaître sur les parois du verre de petites boules qui brillent comme des perles ; elles vont grossissant, et sont déjà comme des têtes d'épingles. Donnez sur le verre un petit coup sec ; les perles se détachent, montent verticalement, arrivent à la surface de l'eau, et disparaissent. Qu'est-ce que c'était ? — Vous me répondez vous-même : c'était de l'air, des *bulles* d'air.

Il y a donc de l'air dans l'eau ? — Oui, mais il n'y en a pas beaucoup. Or, c'est cet air de l'eau, cet air *dissous* dans l'eau, que respirent les animaux véritablement aquatiques. Ils ont pour cela des outils, ou, comme disent les savants, des *organes* particuliers. Nous, nous respirons l'air libre par des *poumons*, des organes creux, situés dans la poitrine, où l'air entre comme dans un soufflet ; vous connaissez bien ces organes, votre chat en mange chaque matin, sous le nom appétissant de *mou*. Mais les poissons? voici une Carpe : regardez de chaque côté de sa tête, sous ces battants qu'elle ouvre et ferme alternativement; vous y voyez quelque chose de rouge : ce sont les *ouïes*, disent les cuisinières, les *branchies*, disent les zoologistes, masse de filaments qui flottent dans l'eau, et en extraient l'air dissous. Mais arrêtons-nous, car nous arriverions à quelque chose de trop difficile. C'est déjà beaucoup que de savoir que les vrais animaux *aquatiques* respirent l'air *dissous* dans l'eau, tandis que les vrais animaux *aériens* respirent l'air en nature, l'air *libre*.

On donne quelquefois le nom d'*amphibies* aux animaux qui, comme la grenouille, paraissent vivre également dans l'air et sous l'eau. Amphibie veut dire double vie; c'est un mauvais mot : une grenouille n'est pas plus un amphibie que ne l'est un plongeur qui traverse une rivière sans se laisser voir. Comme lui, elle *retient* sous l'eau sa respiration : seulement elle la retient plus longtemps. Il n'y a pas d'animaux véritablement amphibies.

CINQUIÈME LEÇON

ANIMAUX VOLANTS. — ANIMAUX DIURNES ET NOCTURNES.

SOMMAIRE : L'aile. — Les oiseaux voiliers et ceux qui ne volent pas ; les chauves-souris ; les insectes ; les poissons volants ; le dragon ; le ptérodactyle. — Les animaux nocturnes ne voient pas dans l'obscurité ; il n'y a pas d'animaux qui fuient la lumière.

ANIMAUX VOLANTS.

Parmi les animaux aériens, il en est qui sont organisés de manière à se soutenir et à se diriger dans l'air, en un mot de manière à *voler*.

Ce n'est pas une petite affaire que de voler. Les animaux qui se tiennent en l'air sont cependant bien plus lourds que l'air, chacun sait cela. Ils ne peuvent se soutenir qu'en faisant de grands efforts, et quand un oiseau au vol est frappé d'un coup de fusil, il tombe aussitôt.

L'explication du vol est très difficile à donner, et je ne pourrais l'essayer devant vous : cela, du reste, ne vous intéresserait guère. Cependant, il faut comprendre que les animaux volants se soutiennent au moyen de surfaces planes, de *membranes*, comme on dit, qu'on appelle des *ailes*. Les membranes ne tombent pas facilement. Voici une membrane, une feuille de papier ; je la laisse tomber par la fenêtre : elle s'en va lentement et en oscillant toucher le sol. En voici une autre ; mais je l'ai froissée et mise en boule : elle tombe comme une pierre, tout droit et vite.

C'est en frappant l'air avec les membranes de leurs ailes que les animaux qui volent se dirigent en avant : c'est comme un nageur qui frappe l'eau avec ses deux mains. Ils *nagent dans l'air*, véritablement

Les meilleurs *voiliers*, ce sont les Oiseaux. Leurs ailes sont construites d'une manière admirable. Mais le plus curieux peut-être, c'est que la membrane n'est pas comme une peau ou une feuille de papier ; elle est formée de morceaux distincts, qu'on appelle des *plumes*, qui se recouvrent et s'appuient l'une sur l'autre comme les tuiles

Fig. 55. — Aile d'un oiseau.

d'un toit. L'aile emplumée se ferme, s'ouvre, s'étale, comme ferait un éventail (fig. 55).

Plus l'aile est longue, plus vite l'oiseau vole, naturellement. Les voiliers par excellence, ce sont les Hirondelles, aux ailes longues, faites comme une faux. Puis viennent les Oiseaux de proie, qui vivent en poursuivant les autres. Non seulement ils volent avec une grande vitesse, mais ils volent très longtemps. On cite un faucon qui, perdu dans la forêt de Fontainebleau, fut le lendemain retrouvé et repris à Malte. La

Fig. 56. — Frégate.

frégate (fig. 56), grand oiseau des mers du Sud, est sur ses longues ailes pointues portée à d'immenses distances en mer.

Tous les oiseaux n'ont pas, tant s'en faut, cette puissance. Il en est de bien vite fatigués, tant leurs ailes sont courtes et faibles. Il en est qui ont renoncé à voler, et

n'ont presque pas d'ailes, comme les Autruches (fig. 5),
les Casoars (fig. 138), et surtout l'Aptéryx de la Nouvelle-
Zélande (fig. 57), qui n'a véritablement pas d'aile visible.
D'autres, peut-être plus curieux encore, les Manchots

Fig. 57. — Aptéryx.

Fig. 58. — Pingouin.

(fig. 84), les Pingouins (fig. 58), habitants des côtes maritimes des régions polaires, ont des ailes, mais point de
vraies plumes dessus, en telle sorte qu'ils s'en servent sous
l'eau, comme si c'étaient des nageoires. N'est-il pas curieux de voir l'instrument habituel du vol servir, et fort
bien, à la natation ; et n'avais-je pas raison de vous dire
qu'en réalité le voilier n'est qu'un nageur dans l'air ?

Parmi les animaux couverts de poils, ceux qu'on appelle
fort maladroitement *Chauves-souris* (fig. 59) — car ce ne
sont pas des souris et ils ne
sont pas chauves — volent
assez bien. Entre leurs doigts,
qui sont très allongés, s'é-
tend une membrane qui n'est
autre chose que leur peau.

Fig. 59. — Chauve-souris.

Elles ont ainsi de chaque côté du corps deux larges surfaces planes avec lesquelles elles frappent fortement l'air
et s'y soutiennent, quoiqu'elles ne puissent voler ni bien
vite, ni bien longtemps.

Les Insectes comptent de bien meilleurs voiliers. On
voit en effet des mouches, des guêpes voler pendant des
heures entières, et les sarabandes de moucherons qui

Fig. 60. — Insectes à 2 et à 4 ailes.

le soir dansent au-des-
sus des flaques d'eau
passent en l'air leur vie
qui ne dure qu'un jour.
Les insectes voiliers ont
tantôt deux ailes (fig. 60,
A), comme les Mouches
et les Cousins, tantôt quatre ailes (fig. 60, B), comme les
Papillons, les Demoiselles, les Abeilles, les Hannetons,
les Sauterelles, etc.

Il n'y a pas d'autres animaux volants que les Chauves·
souris, les Oiseaux et les Insectes. On ne peut dire que
certains animaux comme les Galéopithèques (fig. 61) ou
les Écureuils dits volants (fig. 62), qui ralentissent leur

Fig. 61. — Galéopithèque.

Fig. 62. — Écureuil volant.

chute en étalant une membrane tendue entre leurs
pattes, volent véritablement, car ils ne se dirigent pas et
ne s'élèvent pas en l'air.

J'en dirai autant de ce qu'on appelle les *poissons volants* (fig. 63). Ce sont tout simplement des poissons qui
sautent fortement hors de l'eau, et se soutiennent quelque peu en l'air à l'aide de leurs nageoires qui sont très

longues et très larges. Mais ils ne paraissent pas voler véritablement, bien que quelquefois ils s'élancent jusque sur le pont des navires peu élevés.

Il en est de même pour un brave petit lézard de l'Inde

Fig. 63. — Poisson volant.

Fig. 64. — Dragon volant.

qui est muni d'une sorte de parachute, et auquel on a donné le nom redoutable de *dragon volant* (fig. 64). Il n'a rien de commun avec les animaux fabuleux.

Mais, dans les temps géologiques, il y a des milliers de siècles, vivait un reptile qui volait à l'aide de membranes analogues à celles des chauves-souris. On n'en retrouve bien entendu que des os.

Fig. 65. — Ptérodactyle.

On l'a baptisé du nom de *Ptérodactyle* (de deux mots grecs qui veulent dire aile et doigt) (fig. 65).

ANIMAUX DIURNES ET NOCTURNES.

Au matin, lorsque se lève le soleil, les oiseaux s'éveillent sur les branches et commencent à chanter. Tout le jour ils volent de çà de là, cherchant leur nourriture, bâtissant leur nid. Le soir venu, ils se réfugient à nouveau sur la branche feuillue, mettent leur tête sous l'aile, et, lorsque le soleil a disparu, tout dort. Ce sont des animaux qui vivent activement pendant le jour, des animaux *diurnes* (du mot latin *dies*, jour).

Mais tous les oiseaux ne font pas ainsi. Au moment même où fauvettes et linots s'endorment, se réveillent chouettes et hiboux. Tout le jour, ils sont restés dormant au fond de trous noirs dans les arbres ou les rochers. Le soleil couché, ils s'éveillent et s'envolent pour ne rentrer qu'au jour. Si, pendant que le soleil brille, on les réveille, ils vous regardent tout ahuris, éblouis par la lumière, et si malgré leurs grimaces vous les forcez de dénicher, ils s'en vont comme des aveugles, se heurtant presque aux arbres. Ceux-là sont des animaux *nocturnes* (fig. 66).

Fig. 66.
Chouette-effraie.

Il ne faudrait pas croire , comme vous l'avez souvent entendu dire, que ces animaux voient dans l'obscurité. Non, lorsque pendant la nuit le ciel se couvre de nuages et que toute lueur disparaît, les animaux nocturnes s'arrêtent, ne sachant plus où ils vont. Ce sont simplement des animaux qui ont les yeux plus sensibles que les nôtres à la lumière. Ils y voient très bien là où nous avons grand'peine à reconnaître les objets. Mais il leur faut toujours de la lumière pour y voir, qu'elle vienne de la lune ou des étoiles. En sens inverse, la quantité qui nous est nécessaire pour bien voir leur fait mal aux yeux : si si le soir vous laissez votre fenêtre ouverte, vous voyez les insectes nocturnes, attirés mais éblouis par la lumière, se précipiter aveuglés sur votre lampe et se heurter au verre, ou se brûler à la chandelle, comme dit le proverbe.

La plupart des animaux sont diurnes. Cependant, même parmi les diurnes, il en est beaucoup qui font volontiers la *sieste* une partie du jour, et rôdent surtout après le coucher et avant le lever du soleil. Si votre papa est chasseur, il vous dira qu'ainsi font presque tous les gibiers de poil : ainsi font aussi les animaux qui les pourchassent. Mais ce ne sont pas là de vrais nocturnes, car un lièvre ou un loup y voient parfaitement en plein jour.

Parmi les animaux à poils, les vrais nocturnes, et les plus communs dans notre pays, ce sont les chauves-souris (fig. 59). Il n'est personne de vous qui ne les ait vues sortant le soir des portes de caves, des grottes naturelles, où elles ont passé la journée immobiles, dormant suspendues à la voûte par leurs pattes de derrière, les ailes repliées. Elles ne paraissent pas y voir bien clair, même le soir, car elles donnent dans les pièges les plus grossiers ; mais elles entendent admirablement avec leurs énormes oreilles, et les membranes de leurs ailes sont d'une sensibilité exquise.

La grosseur des yeux est très caractéristique chez les oiseaux nocturnes (fig. 154). Il est évident qu'ils peuvent ainsi recueillir plus de lumière à la fois. Ils ont tous un plumage très doux, très moelleux, de sorte que leur aile en frappant l'air ne fait pas de bruit, et qu'ils arrivent ainsi sur leur proie sans qu'elle soit avertie.

Parmi les animaux nocturnes, je vous citerai encore certains papillons, les *bombyx* (fig. 67), au nombre desquels se trouvent celui dont la chenille donne la soie, les *teignes* (fig. 287), dont les chenilles rongent les étoffes de laine.

Fig. 67. — Bombyx.

D'une manière générale, les animaux nocturnes n'ont pas de couleurs brillantes : ils sont grisâtres et ternes. Jamais chouette ou hibou n'a revêtu les livrées jaunes, vertes ou rouges si communes chez les oiseaux diurnes. Comparez les papillons que le soir votre lumière attire, avec ceux dont le soleil éclaire et fait briller les riches couleurs ! Il semble que, comme on ne peut guère les voir, ils aient renoncé à se faire beaux et pimpants.

A côté des animaux nocturnes, il faut placer ceux qui, sans dormir, fuient la lumière et se réfugient dans les endroits obscurs. Dans le fond des caves, sous les pierres, dans le creux des arbres pourris, vous trouverez des ani-

maux qui semblent avoir peur du jour : ce sont les mille-
pattes (fig. 39 et 69), les limaces sans coquille (fig. 38), les
cloportes (fig. 68), divers insectes.

Mais ce serait une erreur de croire qu'ils fuient vérita-

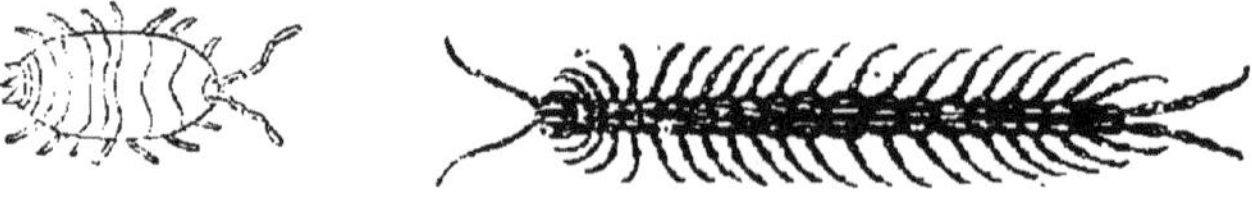

Fig. 68. — Cloporte.   Fig. 69. — Mille-pattes (scolopendre).

blement la lumière. Non, ce sont encore des animaux à
yeux très sensibles ; ils redoutent le plein jour, mais
l'obscurité véritable et complète les désoriente absolument. Si vous les enfermez dans une boîte bien close,
où la lumière n'arrive que par quelques petits trous très
fins, c'est de ce côté qu'ils se dirigeront.

Tous les animaux aiment la lumière, et vont à elle pour
y voir et se guider. Il n'y a pas d'animaux *lucifuges* (mot
qui veut dire fuyant la lumière), bien qu'on emploie ce
mot souvent. Seulement il y a des degrés. Nous aussi
nous sommes lucifuges, quand la lumière est trop forte
pour nos yeux.

Il est cependant, vivant au fond des cavernes ou à des
milliers de mètres sous l'eau de la mer ou de certains lacs,
des animaux qui sont absolument aveugles, et insensibles
à la lumière. Ceux-ci ne sont du reste, dans l'état naturel des choses, jamais soumis à son action.

SIXIÈME LEÇON

DISTRIBUTION DES ANIMAUX LES PLUS CONNUS DANS LES
RÉGIONS ARCTIQUES, TEMPÉRÉES, TORRIDES.

Sommaire : Les diverses zones. — La zone glaciale du nord. — La région
des fourrures. — La zone glaciale du sud. — La zone torride. — Les
animaux à riches couleurs, les animaux froids et les animaux venimeux
habitent surtout les pays chauds.

On vous a appris dans le cours de géographie qu'il est
possible de diviser la surface de chaque Hémisphère terrestre en trois Zones (fig. 70). L'une, qui va de l'Èquateur
aux Tropiques (CE, C'E' et
ED, E'D'), est dite la *zone
torride* à cause de la chaleur extraordinaire qui y
dure toute l'année ; une
autre, qui va d'un pôle
P et Q au cercle polaire
(AA' et BB') correspon-
dant, est dite *zone arctique
ou glaciale*, expression qui
caractérise les froids ex-
cessifs qui y règnent. Enfin, entre les deux, règne

Fig. 70. — Division de la terre en zones.

la *zone* dite *tempérée* (AA', CC' et BB', DD'), parce qu'on n'y
constate pas les excès de température qui caractérisent
les deux autres zones.

Si donc nous considérons l'ensemble de la terre, nous voyons en son milieu, au niveau de l'Equateur, une bande de terrain d'environ 5,000 kilomètres dans le sens Nord-Sud, qui constitue la *région torride* (CD, C'D'). De chaque côté, une bande de même largeur : ce sont les deux *régions tempérées*. Enfin, au voisinage de chaque pôle, une dernière zone moitié moins étendue en longitude : ce sont les deux *régions arctiques*.

Si vous avez lu des récits de voyages, vous savez déjà que ces différentes régions ne sont pas habitées par les mêmes animaux. Et si vous ne le savez pas déjà, vous ne serez pas surpris de l'apprendre.

Il serait bien étonnant, en effet, qu'une même espèce d'animaux pût supporter d'une part des froids capables de congeler le mercure dans le thermomètre, d'autre part des chaleurs capables de cuire un œuf.

L'homme seul présente cette résistance aux extrêmes de température. Il doit cette propriété à son intelligence, qui lui a donné le feu et les vêtements à l'aide desquels il se défend contre le froid. Encore les hommes des pays chauds et ceux des pays froids ne sont-ils pas identiques, tant s'en faut.

Rien ne vaut, pour vous donner une idée exacte des différences que présentent les *faunes* (c'est le nom sous lequel on désigne l'ensemble des animaux d'une contrée, comme on nomme *flore* l'ensemble de ses végétaux), la lecture des récits des voyageurs. Essayons ici de résumer les faits qu'ils ont constatés.

Commençons par la région glaciale du Nord. Et d'abord il est bien entendu que les zones géographiques dont je vous ai en commençant rappelé la définition, ne sont pas des limites exactes pour l'habitation des diverses espèces animales. Ce serait se faire une idée singulièrement fausse des choses que de considérer les animaux des zones glaciales comme enfermés dans une cage par les cercles polaires, et ceux des zones torrides, comme parqués par les lignes tropicales. Ce sont là des limites par à peu près, qui n'ont rien de bien fixe.

Revenons à la région polaire. Sur les terres groënlandaises, et au nord de l'Amérique, habitent sous des huttes de neige les tribus des Esquimaux (fig. 71). Les Samoïèdes leur font pendant sur les côtes de l'Asie du Nord.

Fig. 71. — Campement d'Esquimaux.

Ces peuplades vivent à peu près de la même manière. Comme la nourriture est rare, elles se divisent en petits groupes, composés de quelques familles. La pêche et la chasse sont les seules ressources de ces pauvres gens que menacent sans cesse le froid et la faim. La terre ne porte presque aucune végétation, et ne leur peut rien fournir. C'est la mer qui les nourrit. Quand elle est libre, ils poursuivent sur leurs frêles esquifs les poissons qu'ils prennent à la ligne et au harpon, et aussi des animaux à poils, habitants des eaux salées. Ce sont les *phoques* d'abord (fig. 53), inoffensives bêtes qui vivent en troupe et souvent se laissent surprendre à terre. Ce sont même les *morses* (fig. 72), animaux redoutables qui souvent, d'un seul coup des deux longues dents qu'ils portent à la mâchoire supérieure, brisent et submergent le bateau de

Fig. 72. — - Combat de matelots contre des morses.

leur agresseur. Ce sont encore des *marsouins* ou *dauphins* (fig. 73), habitants continuels de l'eau, et cependant faux aquatiques, comme la *baleine*, n'ont que deux pattes de devant, transformées en nageoires, avec une large queue transversale : et, parmi eux, un

Fig. 73. — Dauphin.

bien curieux, le *narval* (fig. 74), dont la mâchoire supé-

Fig. 74. — Samoïède harponnant un narval.

rieure porte une longue dent toute droite capable de

percer le bordage d'un navire. Quant à la baleine, c'est
un trop gros gibier pour ces populations mal armées :
mais quelle aubaine lorsqu'un accident en jette une à la
côte !

Les Esquimaux utilisent ces animaux pour divers usages. Ils en prennent d'abord la chair qu'ils mangent avec
délices, si coriace qu'elle soit, tantôt fraîche (c'est-à-dire
à demi pourrie, car c'est ainsi qu'ils l'aiment), tantôt fumée ; puis la graisse, graisse dont l'épaisse couche était
une protection contre le froid, et qui, beaucoup plus liquide que celle de nos animaux domestiques, ressemble
à de l'huile : ils la boivent à longs traits ; enfin la peau,
dont ils se font des vêtements et des abris.

Sur la terre éternellement glacée, et sur les *banquises*
de glace qui l'entourent, vit seul, faisant concurrence à
l'homme et quand il peut le traitant en gibier, l'*ours*
blanc (fig. 75), animal terrible, dont les visites sont à la

Fig. 75. — Ours blancs.

fois la terreur et la distraction dans les longs *hivernages*
des expéditions polaires.

J'ai dit seul et je me trompe, car le fidèle ami de
l'homme, le chien, l'a suivi jusque dans ces régions
terribles. Et l'homme n'en fait pas seulement un gardien,

un défenseur, un aide à la chasse ; il l'attelle à ses traîneaux : c'est sa seule bête de somme.

Un peu plus au sud commence la *région des fourrures*.
Là, la végétation, presque nulle dans les régions glaciaires, apparaît assez riche pendant une courte période de
l'année : les animaux herbivores y peuvent trouver à manger, et les carnassiers s'y multiplient à leur suite. Il fait
grand froid encore, et les poils fins et serrés de l'animal lui
forment une protection nécessaire, mais fort recherchée
de l'homme. C'est là que se chassent l'*hermine*, blanche
en hiver, rousse en été, la *zibeline*, la *martre* (fig. 76), le
vison, le *renard bleu*, qui est
blanc en hiver, l'*écureuil petit-
gris*, qui est roux en été, le
glouton, etc., dans les eaux de
la mer, les diverses espèces
de phoques, la grande loutre
marine, au poil si soyeux. Les
grands herbivores sont très rares, et l'on ne trouve guère
à citer que, dans le nord de l'Amérique, le bizarre *Ovibos* (fig. 77) dont le nom, qui signifie *mouton-bœuf*, exprime

Fig. 76. — Martre.

Fig. 77. — Tête d'Ovibos.

Fig. 78. — Renne.

bien l'aspect et les caractères singuliers, et, dans le nord
de l'Europe, le *renne* (fig. 78), dont le Lapon utilise le lait,
la viande, la peau, et qu'il attelle à ses traîneaux (fig. 238).

Ajoutez à ces animaux terrestres des oiseaux de mer en
quantités innombrables, et surtout pendant les courts étés

Fig. 79. — Goëland.

Fig. 80. — Pélican.

glaciaires : *mouettes, goëlands* (fig. 79), *pétrels, fous de Bassan,
pingouins* incapables de voler (fig. 58), *plongeons, pélicans*

Fig. 81. — Cygne.

Fig. 82. — Oie.

(fig. 80), *cygnes* (fig. 81), *oies* (fig. 82) et *canards* (fig. 83)
d'espèces multiples, et vous aurez
une idée des animaux les plus connus parmi ceux qui habitent les
froides régions du Nord.

Celles du Sud ont une population analogue. Mais, comme
vous le voyez en jetant un coup

Fig. 83. — Canard.

d'œil sur un globe terrestre, elles sont beaucoup plus
maritimes que celles du Nord. Les continents, au lieu de

se rejoindre et de présenter de vastes étendues voisines
du pôle, comme ils font au Nord, divergent, se terminent
en pointe, assez loin du pôle Sud. Il en résulte que les
animaux à poils de cette zone sont exclusivement marins.
Ce sont encore des *baleines*, mais différentes de celles du
pôle nord ; ce sont aussi des *phoques*, qui arrivent en troupeaux sur les îles du Sud du Pacifique, et qui sont également différents de ceux du Nord : point de morses, non
plus que d'ours blancs. Parmi les oiseaux, il faut citer les

manchots (fig. 84) qui représentent dans la
mer du Sud les pingouins du Nord, mais
sont encore plus gauches à terre et plus
agiles à l'eau : le bâton du marin en détruit chaque année des milliers.

Fig. 84. — Manchot.

Des zones glaciales sautons à la double
zone torride. Quelle différence d'aspect !
Tout à l'heure, à peine quelques miséra-
bles herbages n'apparaissant qu'à l'été :
d'arbres point, ni même d'arbustes ; je me trompe, on y
voit quelques saules qui s'élèvent jusqu'à vingt centimètres de haut ! Ici, partout où il y a de l'eau, se déve-
loppe avec une rapidité et une intensité dont nous n'avons
pas l'idée, une végétation prodigieuse ; elle forme des
forêts impénétrables, où les lianes s'entrelacent aux
troncs d'arbres gigantesques.

Il y a là de quoi nourrir d'innombrables animaux.
Aussi, la forêt en est-elle pleine, les uns vivant de ses
produits, les autres dévorant ceux-ci. Animaux à poils,
oiseaux, reptiles (inconnus aux régions glaciaires), insectes, y foisonnent. Mais ils varient d'un continent à
l'autre, sous la même latitude, si bien qu'il est à peu
près impossible de rien dire de général et qui s'applique
à toutes les parties du globe comprises dans la region
torride.

Les animaux qui caractérisent le plus nettement peut-
être les pays chauds, ce sont les *singes* (fig. 85, 94, 113).
Les singes ont horreur du froid, et ils appellent froids
des pays où nous souffrons de la chaleur. Au sud, ils sont

Fig. 85. — Singe.   Fig. 86. — Perroquet (cacatoès).

à peu près limités par le tropique du Cancer ; au nord, ils
ne dépassent pas comme latitude le rivage méditerranéen
de l'Afrique. J'en puis dire autant des *perroquets* (fig. 86,
127), ces singes des oiseaux, dont les bandes criardes
égaient les forêts tropicales en Amérique, en Afrique, en
Asie. Mais si j'essaie de multiplier les exemples, je suis
immédiatement embarrassé par ceci : que ce que je dirais
de l'Amérique torride ne sera pas vrai pour l'Afrique ni
pour l'Asie, chacune de ces grandes contrées nourrissant
des animaux spéciaux.

Ainsi, par exemple, les *éléphants* sont des animaux
appartenant à la zone torride. Mais ils n'existent que
dans l'ancien continent : encore ceux d'Afrique et ceux
d'Asie sont-ils différents l'un de l'autre ; et il n'y en a pas en
Amérique. Les singes d'Amérique eux-mêmes diffèrent
notablement de ceux d'Afrique et de ceux d'Asie.

La même difficulté, plus grande encore, se présente si
nous considérons les zones tempérées. Il est à peu près
impossible de rien dire qui puisse s'appliquer à la fois à

la zone de l'hémisphère sud et à celle de l'hémisphère
nord, et, dans chaque zone, aux divers continents sur
lesquels elle s'étend.

Il faut donc diviser notre étude, et considérer à part
chaque grande région du globe.

Il y a cependant quelques remarques générales qui ne
manquent pas d'intérêt. Ainsi c'est dans les contrées tropicales presque exclusivement que se
rencontrent les *animaux revêtus de couleurs brillantes*. Que sont nos plus beaux
papillons, nos scarabées les plus ri-
chement vêtus, à côté de ces espèces
splendides que vous avez souvent ad-
mirées dans les collections d'insectes ?

Fig. 87. — Martin-
pêcheur.

Dans nos pays, si nous exceptons le loriot jaune d'or, le
martin-pêcheur (fig. 87) rouge et bleu, nous ne voyons

Fig. 88. — Oiseau de paradis.

pas d'oiseaux revêtus de livrées éclatantes ; tous sont
plus ou moins gris , plus ou
moins ternes, avec çà et là
quelques taches brillantes.
Bien plus pâles encore sont
les oiseaux des régions glaciaires; plus de bleu , de
jaune, de rouge, de vert, rien
que du noir, du gris et du
blanc. Regardez , au con-
traire, dans les ménageries,
les volières, les musées, jusque sur les chapeaux de vos
mères et de vos sœurs, les merveilleux oiseaux des tropiques : oiseaux-mouches (fig. 15), qui semblent des éme-
raudes, des rubis, des saphirs volants, oiseaux de paradis

(fig. 88), couroucous, tangaras, que sais-je, paraissent couverts de pierres précieuses, et leurs reflets métalliques nous éblouissent même aux rayons de notre pâle soleil.

Fig. 80. — Mygale (grandeur naturelle).

Une autre remarque, c'est que les pays chauds sont le lieu de prédilection des *animaux froids*. Vous savez bien

qu'il y a des animaux froids, et des animaux chauds : il
suffit, en tous cas, pour l'apprendre, de tenir un instant
dans sa main un oiseau et un lézard. Or, les animaux
froids, rares et petits dans les pays froids, deviennent
communs et de grande taille dans les pays chauds.

D'abord, dans les régions glaciaires, excepté quelques
insectes, il n'en est pas question, sauf dans l'eau de la
mer. On les voit apparaître dans les pays tempérés, et en
nombre croissant à mesure qu'on se rapproche de l'équateur. Dans la région torride, ils pullulent en espèces et
en individus, et ils atteignent des dimensions relative-
ment énormes.

C'est dans les pays chauds de l'Amérique que se voit
la grande *mygale* (fig. 89), horrible araignée, qui peut
saisir et tuer de petits oiseaux. C'est dans les régions
tropicales que se rencon-
trent les immenses papil-
lons (il y en a qui me-
surent d'une extrémité
d'une aile à l'autre 30 centimètres), les énormes
scarabées gros comme
le poing, les étranges
et bizarres insectes voi-
sins des sauterelles qui
mesurent jusqu'à 2 dé-
cimètres (fig. 90). Et
quant aux quantités, les
récits des voyageurs vous
renseignent sur les my-
riades grouillantes des
insectes tropicaux.

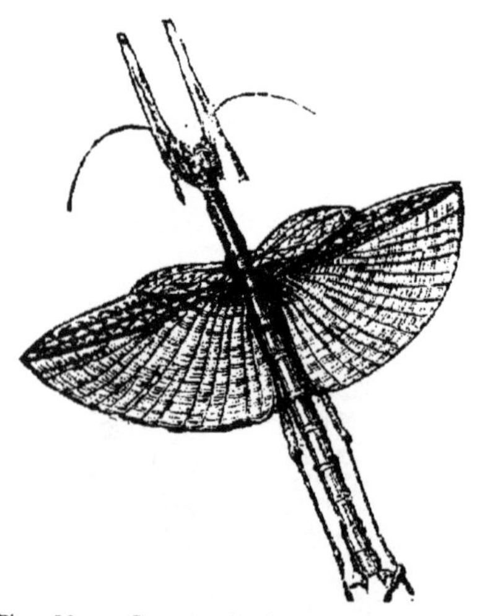

Fig. 90. — Insecte de la Nouvelle-Guinée.
(1/4 de la grandeur naturelle.)

Et pour les Reptiles? Que sont nos lézards, même
le beau *lézard ocellé* du midi de la France, long d'un
pied et demi tout au plus, à côté du crocodile du Nil ou

du gavial du Gange? Nos petites tortues de Provence, à côté de la *tortue éléphantine* d'Afrique (fig. 91)? Nos couleuvres, qui ont au plus 4 ou 5 pieds de long, à côté des boas du Brésil, longs de 40 pieds, des pythons d'Afrique,

Fig. 91. — Tortue éléphantine.

des couleuvres des îles de la Sonde? Notre grenouille, à côté de la *grenouille taureau* de l'Amérique centrale?

Ce n'est pas seulement par la taille, le nombre des espèces et celui des individus, que les animaux froids des pays chauds l'emportent sur ceux des régions tempérées. Vous savez qu'il en est qui possèdent des *venins*, des substances qui, introduites dans le sang, rendent malade ou tuent. Or, ces venins sont bien plus actifs dans les pays chauds. Notre *vipère*, le plus dangereux des animaux venimeux d'Europe, semble inoffensive à côté de la *vipère fer-de-lance* de la Martinique, du *serpent à sonnettes* (fig. 272) d'Amérique. Vous verrez ceci bien plus nettement encore, lorsque nous nous occuperons des *animaux venimeux* dans une prochaine leçon.

SEPTIÈME LEÇON

**DISTRIBUTION DES ANIMAUX LES PLUS CONNUS DANS LES DIF-
FÉRENTES PARTIES DU MONDE, SAUF L'EUROPE.**

SOMMAIRE : **Les animaux les plus connus en Afrique, Amérique Australie, Asie.**

Revenons maintenant à la distribution des animaux
dans les diverses régions du globe. Et commençons, si
vous voulez, par l'Afrique. C'est la mieux délimitée de
toutes, et elle ne contient que des contrées chaudes. Sa
faune est aussi nettement déterminée.

Comme singes, elle possède, exclusivement dans sa
région tropicale, le plus grand de tous, le *gorille* (fig. 92),
qui atteint six pieds et sait se rendre redoutable à l'élé-

Fig. 92. — Tête de vieux gorille.

Fig. 93. — Jeune chimpanzé.

phant, au lion, à l'homme lui-même, puis le *chimpanzé*
(fig. 93), un peu plus petit. Ce sont là des singes sans
queue, qui marchent presque debout, ne touchant le sol
qu'avec l'extrémité de leurs longs bras, animaux fort in-

telligents, et à qui leurs ressemblances singulières avec l'homme ont fait donner par les zoologistes le nom de singes *anthropomorphes* (des deux mots grecs *anthrôpos*, qui signifie homme, et *morphè*, forme : singes en forme d'hommes, ressemblant à des hommes). C'est un nom qu'ils méritent beaucoup plus dans leur jeune âge, où ils sont gentils et de physionomie douce, que lorsqu'ils sont devenus vieux et laids. Puis les singes à tête de chien (en grec *cynocéphales*) (fig. 94) si communs dans la vallée du Nil, et si redoutés par leurs déprédations et leur férocité ; le *magot* (fig. 95), habitant de nos départements algériens, et dont quelques fa-

Fig. 95. — Magot d'Algérie.

Fig. 94. — Cynocéphale.

milles vivent sur le rocher de Gibraltar ; les *guenons* (fig. 85), et de nombreuses autres petites espèces, dont le détail vous intéresserait peu.

Les carnassiers ont en Afrique leur plus beau représen-

Fig. 96. — Lion.

Fig. 97. — Panthère.

tant, le *lion* (fig. 96) : on le trouve de la Méditerranée au Cap, de l'Atlantique à la mer des Indes ; puis, de nombreuses *panthères* (fig. 97) au magnifique pelage moucheté-

le *chat-tigre;* l'*hyène rayée* (fig. 98) dans le nord, l'*hyène tachetée* dans le sud, mangeuses et déterreuses de cadavres; le *chacal*, semblable à un petit loup, mais bien plus facile à apprivoiser; la *civette* (fig. 99), qui fournit un par-

Fig. 98. — Hyène rayée.

Fig. 99. — La civette.

fum très recherché dans beaucoup de pays, et nombre d'autres espèces plus petites et moins connues; pas d'*ours* ni de *loups*. Parmi les Herbivores il en est de gigantesques : en tête, l'*éléphant d'Afrique*, au front bombé, aux longues oreilles, qu'on rencontre parfois en troupes de plusieurs milliers; puis le *rhinocéros à deux cornes*, féroce et stupide animal qui vit solitaire, et que sa peau épaisse rend presque invulnérable; l'énorme *hippopotame* (fig. 100) (des mots grecs *hippos*, cheval; *potamos*, fleuve), ainsi nommé parce que, lorsqu'il est plongé dans l'eau, ses

Fig. 100. — Hippopotame.

Fig. 101. — Squelette de dromadaire, avec le profil du corps.

petites oreilles et ses yeux qui seuls paraissent à la surface le font ressembler à un cheval; le *dromadaire* (fig. 101)

ou chameau à une bosse, qui vit dans le nord ; la *girafe*
(fig. 4) aux longues pattes, au long cou ; les *buffles*,
espèces de bœufs qu'ont apprivoisés et domestiqués les
nègres ; mentionnons encore les *gazelles* (fig. 102) et
d'innombrables autres espèces d'*antilopes*, animaux voisins de nos chèvres, dont les cornes extraordinairement
variées de formes ont un *noyau osseux*, comme les
cornes de bœuf ou de mouton, et dont certaines es-

Fig. 102. — Tête de gazelle.

Fig. 103. — Couagga.

pèces se promènent de pâturage en pâturage en troupeaux de plusieurs milliers d'individus, si serrés qu'un
lion qui se laisse envelopper par elles ne peut plus s'é-
chapper, et doit voyager ainsi pendant des heures au milieu de ce garde-manger vivant ; pas de *cerfs*, chose curieuse, ni d'autres animaux à cornes entièrement osseuses ; des *zèbres*, des *dauws* (fig. 103), des *couaggas*, espèces

Fig. 104. — Porc-épic.

Fig. 105. — Pangolin.

de chevaux rayés. Puis des animaux plus petits, mais
non moins curieux, le *porc-épic* (fig. 104), la *gerboise sau-*

teuse (fig. 46), le *pangolin* (fig. 105) aux étranges écailles, l'*oryctérope* (fig. 106), gros comme un petit cochon, et vivant dans son trou comme une taupe, etc.

Parmi les Oiseaux, il faut citer surtout l'*autruche* qui,

Fig. 106. — Oryctérope.

sur ses longues pattes terminées par deux doigts, parcourt les régions sableuses ; le *flamant* (fig. 107) aux ailes

Fig. 107. — Flamant.

roses, qui, lorsqu'on le voit voler à distance, son long cou et ses longues pattes étendues en ligne droite, semble une broche qui serait partie en l'air, emportant son rôti ; le *secrétaire* ou *serpentaire*, sorte d'aigle ayant de longues pattes, qui court plus qu'il ne vole, et détruit tant de serpents qu'on a essayé de l'introduire à la Martinique pour combattre la terrible vipère fer-de-lance ; l'*ibis sacré* (fig. 108), que révéraient les Egyptiens ; les innombrables *vautours* (fig. 109) de toute taille et de toute couleur, qui rendent de vrais services hygiéniques en se chargeant de dévorer tous les débris animaux ; l'étrange *cigogne-marabou* (fig. 110) ; des *perroquets* en bandes, etc.

Parmi les Reptiles, je ne vous parlerai que des *croco-*

Fig. 108. — Ibis sacré.

Fig. 109. — Vautour fauve.

Fig. 110. — Cigogne-marabou.

diles (fig. 111), si communs dans le Nil et dans les autres grands fleuves africains, de la *tortue éléphantine* (fig. 91), qui atteint un mètre de longueur, du *python de Séba*, énorme serpent non venimeux qu'on trouve en Algérie, et sur

Fig. 111. — Crocodile.

lequel vous lirez des histoires fort exagérées dans les auteurs latins ; de la terrible *vipère naja* (fig. 271), l'*aspic* des anciens, dont la morsure est rapidement mortelle, de la *vipère cornue* d'Algérie, beaucoup moins dangereuse.

Bien des insectes mériteraient de nous arrêter. Je ne vous dirai qu'un mot des *termites* (fig. 290), animaux qui vivent en colonies, et qui, dans l'Afrique centrale, bâtissent avec de la terre des nids énormes, sur lesquels un homme, un bœuf même peuvent monter sans les enfoncer (fig. 112).

Passons à l'Amérique. Ici encore, dans les régions chaudes, de nombreux *singes* (fig. 113), ayant presque tous une

Fig. 112. — Nids de termites.

queue qui peut s'enrouler et leur sert à se suspendre aux

Fig. 113. — Singe à queue prenante.   Fig. 114. — Ouistiti.

arbres, et leurs proches parents, les petits et gracieux
ouistitis (fig. 114). Comme grands carnassiers. le *jaguar,*

qu'on désigne quelquefois improprement sous le nom de
tigre, parce qu'il est presque de la taille du terrible carnassier asiatique ; le *puma* ou *cougouar* bien plus impropre-
ment encore appelé lion, et qui ne mérite ce titre qu'à
cause de sa couleur uniformément rougeâtre ; puis, dans
les prairies de l'Amérique du Nord,
le *loup rouge*, écumeur du désert ;
plusieurs espèces d'ours, entre autres, dans le nord, l'ours *grizzly*,
plus grand et plus redoutable encore que l'ours blanc. Parmi les
herbivores, les plus grands sont les

Fig. 115. — Bison.

bisons (fig. 115), sorte de bœufs à grosse tête, à bosse
et à crinière, dont les innombrables troupeaux pais-
saient jadis dans toute l'Amérique du Nord, et qui,
trop pourchassés, se sont réfugiés de l'autre côté des
montagnes Rocheuses ; des *cerfs* de diverses espèces,
et en tête l'*élan* (fig. 116), espèce de renne gigantesque,
aussi de l'Amérique du Nord ; dans l'Amérique du Sud,

Fig. 116. — Tête d'élan.

Fig. 117. — Tête de tapir.

le *tapir* (fig. 117), étrange bête, grosse comme un âne, au
museau terminé par une petite trompe ; et dans la Cordillère des Andes, le *lama* (fig. 253), sorte de petit chameau
sans bosse, que les Indiens ont domestiqué, et sa voisine
la *vigogne*, qui est restée sauvage. Puis, encore dans le

sud, les *paresseux* (fig. 118), endormis tout le jour, sus-

Fig. 118. — Paresseux.

pendus aux branches d'arbres ; le *fourmilier* (fig. 119) aux

Fig. 119. — Fourmilier.

longues mâchoires édentées, à la langue longue de deux
pieds, aux longs poils, aux griffes redoutables ; et les *tatous* (fig. 120) édentés aussi, couverts de plaques cornées formant une cuirasse : animaux
gros comme un lapin , mais dont
existaient , dans les temps géologi-
ques (fig. 121), des espèces gigantesques. Dans le nord,

Fig. 120. — Tatou.

le *castor* (fig. 122) aux fortes dents, à la queue aplatie et
écailleuse, habile à construire des digues et des cabanes

Fig. 121. — Glyptodon.

formant villages et que les *trappeurs* chassent pour
avoir sa fourrure; la *sarigue* (fig. 123) ou *opossum*, qui

Fig. 122. — Castor.   Fig. 123. — Sarigue.   Fig. 124. — Pécari.

cache ses petits en une poche située sous son ventre, et
sur laquelle Florian a écrit une si jolie fable; les *pécaris*
(fig. 124), petits sangliers qui vivent en troupes.

L'autruche est représentée dans l'Amérique du Sud par
le *nandou* (fig. 125), qui est plus petit et a trois doigts: il
vit sur les hauts plateaux des Cordillères. Les oiseaux
de proie y comptent le plus grand de leurs représentants,
le *condor* (fig. 126) de la Sud-Amérique, dont nous avons
déjà parlé. En sens inverse, c'est là qu'on voit les plus petits des Oiseaux, les *colibris* au bec arqué, les *oiseaux-mou-*

ches (fig. 15), au bec droit, dont les espèces nombreuses brillent au soleil dans toutes les régions chaudes des deux

Fig. 125. — Autruche.

Amériques. Les perroquets *aras* (fig. 127), superbes oiseaux à la queue plus longue que le corps, les *toucans* (fig. 128) au bec énorme, et aussi l'*ibis rouge*, à la magnifique couleur, et tant d'autres espèces, habitent aussi l'Amérique.

Les fleuves américains nourrissent les *caïmans* (fig. 10), presque aussi grands et aussi redoutables que les crocodiles d'Afrique ; les *boas* (fig. 9) de l'Amérique du Sud sont peut-être encore plus longs que les *pythons;* mais le reptile caractéristique et le plus dangereux de toute l'Amérique, c'est le *serpent à sonnettes* ou *crotale* (fig. 272), qui en habite les régions chaudes et les régions

Fig. 126. — Tête   Fig. 127. — Perroquet ara.   Fig. 128. — Toucan.
de condor.

tempérées. Citons encore, dans les lacs mexicains, l'étrange *axolotl* (fig. 129) ; dans toute l'Amérique centrale l'*iguane*, bon à manger, et la *grenouille-taureau*, presque grosse comme la tête, et dont les mugissements sont vraiment effrayants.

Parmi les Poissons, je n'en veux nommer qu'un, qui partage avec la *torpille* (fig. 51, D) des mers européennes la faculté bien étrange de donner de violentes secousses

Fig. 129. — Axolotl.

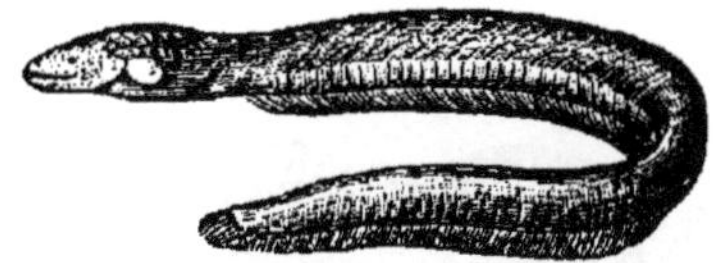

Fig. 130. — Gymnote électrique.

électriques. C'est une sorte d'anguille, la *gymnote* (fig. 130), commune dans les marais de l'Amérique du Sud.

Continuons à nous diriger vers l'ouest. Voici une île immense, grande comme un continent. C'est l'Australie, avec ses deux îles annexes, la Tasmanie et la Nouvelle-Guinée. Elle va nous présenter, au point de vue qui nous occupe, un spectacle bien curieux. Aucun des animaux à poils qu'elle nourrit ne se retrouve dans d'autres pays, sauf le *chien*, compagnon de l'homme. Ils sont même très différents par leur organisation de ceux qu'on trouve dans le reste du monde, hormis la sarigue américaine, dont ils sont les proches parents, élevant comme elles leurs petits dans une poche-abri, ce qui leur a mérité le nom de *marsupiaux* (du latin *marsupium*, bourse). Les plus curieux d'entre eux sont les *kanguroos* (fig. 131), aux longues pattes postérieures,

Fig. 131. — Kanguroo.

à la forte et longue queue qui leur sert et à faire des bonds gigantesques, et à se tenir assis comme sur trois pattes, à la façon du marchand de coco appuyé en arrière sur son bâton ; il en est une grande espèce, qui atteint six pieds de hauteur. Puis, le *wombat*, gros animal rongeur qui ressemble à une énorme marmotte ; le *thylacine*, carnassier qui fait là-bas l'office du loup ; l'*ornithorhynque* (fig. 132), qui doit son nom bizarre (des mots grecs *ornithos*, oiseau ; *rhynchos*, bec) au bec tout aussi bizarre

Fig. 132. — Ornithorhynque.

Fig. 133. — Echidné.

qui recouvre ses mâchoires édentées ; l'*échidné* (fig. 133), son proche parent, dont le corps est couvert d'épines (*échidné*, nom grec du hérisson).

Parmi les oiseaux, je ne vous citerai que le *casoar*, voisin de l'autruche, et presque aussi gros qu'elle.

Nous voici en Asie, et je joins à l'Asie les grandes îles

Fig. 134. — Singe.

Fig. 135. — Tète d'orang-outang.

de la Sonde Ici, nous retrouvons les *singes* (fig. 134) et, en tête, à Bornéo, l'*orang-outang* (fig. 135), presque aussi grand que le gorille et aussi intelligent que lui. Puis les *gibbons*, qui lui ressemblent en petit, et quantité d'espèces de *macaques* et autres singes, qui sont le fléau des cultures, là où l'on en essaie, ce qui n'empêche pas que dans l'Inde on en vénère quelques-uns comme des animaux sacrés.

Les forêts de l'Inde, de Ceylan, de l'Indo-Chine, recèlent des troupeaux d'*éléphants* (fig. 2), d'une espèce différente de celle d'Afrique, et qu'on a su parfaitement apprivoiser. On trouve aussi dans les régions chaudes de l'Asie plusieurs espèces de *rhinocéros* (fig. 136) à une corne, un *tapir* différent de celui d'Amérique, le *babiroussa*, sorte de

Fig. 136. — Rhinocéros à une corne.

Fig. 137. — Chevrotain
porte-musc.

sanglier à très longues dents, quantité d'espèces de *cerfs*, dont un, le *chevrotain porte-musc* (fig. 137), est aussi recherché, et pour les mêmes raisons, que la civette africaine, des *antilopes* dont une espèce à quatre cornes, aussi des *moutons*, des *chiens*, des *bœufs*, entre autres le *yack* (fig. 251) de l'Himalaya, dont je vous reparlerai plus tard; le *chameau* à deux bosses (fig. 250), l'*âne* sauvage, l'*hémione*, l'*hémippe*, voisins de l'âne, qui tous habitent les vastes steppes de l'Asie occidentale.

Parmi les carnassiers, le premier rang appartient sans conteste au redoutable *tigre rayé* (fig. 258), habitant de toutes les régions chaudes et tempérées de l'Asie centrale et orientale et de ses îles. Le *lion* se rencontre encore dans l'Asie occidentale; mais il est beaucoup moins vigoureux que le lion africain. Quant aux duels du tigre et du lion

rêvés par les naturalistes en chambre, ils n'ont probable·
ment jamais eu lieu, d'abord parce que le lion d'Asie n'est
pas de force à tenir tête au tigre, ensuite et surtout parce
que la zone où ils vivent ensemble est extrêmement réduite.
A côté du tigre, se placent des *panthères*, des *léopards*, le *guépard* qui par sa peau tachetée ressemble à ces derniers,
mais ne peut rentrer ses griffes et faire *patte de velours*
comme les autres chats, et a la pupille ronde au lieu d'être
fendue comme eux ; on l'apprivoise en Perse, et l'on s'en
sert à la chasse. Beaucoup d'espèces d'*ours*, depuis le Li-
ban jusqu'aux îles de la Sonde, des *loups*, des *chacals*
et quantités de petits carnassiers, complètent la population des mangeurs de viande.

Celle des oiseaux est innombrable. Un *casoar* (fig. 138)
orné d'un casque, et plus bizarre encore que celui d'Australie, habite Bornéo. Les splendides *oiseaux de paradis*
(fig. 88) sont originaires des Moluques. Les *soui-mangas*
tiennent la place des oiseaux-mouches, et sont presque

Fig. 138. — Casoar à casque.   Fig. 139. — Calao.

aussi petits et aussi brillants qu'eux. *Aigles*, *vautours*, *perroquets*, *passereaux* aux innombrables espèces, presque
toutes parées des plus riches couleurs, *perruches et cacatoès*
(fig. 86), *échassiers* bizarres, *paons*, *pintades* (fig. 240), *poules*,
faisans (fig. 241) d'espèces très nombreuses, *calaos* (fig. 139)
au bec orné d'une sorte de casque, et bien d'autres oiseaux
peuplent les forêts, les savanes, les marais, les jungles.

C'est aussi le pays des grands reptiles et des serpents venimeux. Les fleuves de toutes les régions chaudes sont

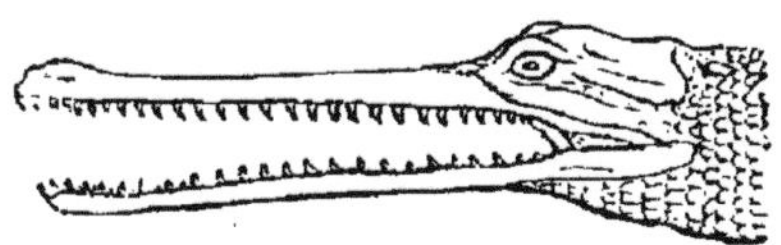

Fig. 140. — Tête de gavial.

remplis de *crocodiles* et de *gavials* (fig. 140) ; les îles de la Sonde nourrissent d'énormes *couleuvres*, et partout foisonnent des serpents venimeux, entre autres la terrible *cobra capello*, le *serpent à lunettes*, qui tue par an des hommes par dizaines de mille.

HUITIÈME LEÇON

ANIMAUX D'EUROPE. — RACES HUMAINES.

SOMMAIRE : Les animaux d'Europe et les animaux migrateurs. — Les animaux disparus et l'homme préhistorique. — Les principales races humaines et leur distribution sur le globe.

Enfin, après avoir fait le tour du monde, nous voici en Europe, chez nous. Oh ! nous sommes bien pauvres en quantité d'individus et en variété d'espèces. Mais il ne faut pas trop nous en plaindre : nos promenades n'en sont que plus tranquilles, nos cultures plus faciles à protéger. Faisons donc notre inventaire sans fausse modestie.

Pas de singes, ni rien qui leur ressemble, excepté sur le rocher de Gibraltar, où vit en famille le *magot* d'Algérie (fig. 95). Aucun non plus de ces monstres herbivores dont la poursuite donne tant de charme à la lecture des voyages asiatiques ou africains. Notre plus gros animal sauvage est l'*aurochs*, sorte de bison, qui habite encore les forêts lithuaniennes où il n'est conservé que

Fig. 141. — Cerf.

par des ukases protecteurs. Puis le *cerf* (fig. 141), le *daim*, le *chevreuil*, parmi les ruminants à bois, et parmi les antilopes à cornes creuses, le *chamois* des Alpes, l'*isard*

des Pyrénées, le *bouquetin* (fig. 142) et le *mouflon* (fig. 143),
habitants des hautes montagnes. Le *sanglier* est encore
abondant. Puis des rongeurs : le *porc-épic* (fig. 104) dans
le sud de l'Europe, le *lièvre*, le *lapin* (fig. 262), l'*écureuil*

Fig. 142 — Bouquetin.   Fig. 143. — Mouflon.   Fig. 144. — Marmotte.

(fig. 44), la *marmotte* (fig. 144) dans les Alpes, quelques
castors (fig. 122) le long du Rhône, qui ont perdu leurs
talents d'architectes, le *loir*, le *lérot* (fig. 145), les *campagnols* (fig. 146), le *rat d'eau*, le *hamster* (fig. 147), bien

Fig. 145. — Lérot.   Fig. 146. — Campagnol.   Fig. 147.— Hamster.

connu des agriculteurs alsaciens dont il pille les récoltes
pour garnir ses souterrains, les *rats* et *souris*, que les
navires ont promenés dans le monde entier. Notre gros
rat ou *surmulot*, qui a détruit dans
nos grandes villes le *rat noir*, n'est
venu d'Asie en France qu'au milieu
du siècle dernier ; le rat noir lui-
même était inconnu des anciens. Le
hérisson (fig. 148), habile à se mettre

Fig. 148. — Hérisson.

en boule, et à piquer le nez du chien qui l'assaille, les
musaraignes au nez pointu (fig. 14), et la *taupe* quasi

aveugle (fig. 45), en sa ville souterraine, sont d'infatigables et très utiles destructeurs d'insectes.

Notre plus grand carnassier est l'*ours* (fig. 149), qui se trouve encore dans les régions montagneuses des Alpes, des Pyrénées, de Norwège, et qui aime pour le moins autant le miel et les fruits que la proie saignante; puis vient le *loup*, redoutable pour l'homme quand il erre

Fig. 149. — Ours.

Fig. 150. — Renard.

en bandes dans les steppes de la Russie ou des bords du Danube; le *chacal*, qui ne se trouve qu'en Grèce; le *renard* (fig. 150), répandu partout; le *blaireau*, grand ami des pommes et des raisins ; le *lynx*, ou *loup-cervier* (fig. 318), habitant du Nord et des hautes montagnes; le *chat sauvage*,

Fig. 151. — Loutre.

commun dans nos forêts, souche du chat domestique; la *fouine*, la *martre*, le *putois*, le *vison*, l'*hermine*, la *belette*, qui font la guerre aux petits animaux; la *loutre* (fig. 151), ennemie des poissons d'eau douce. Sur nos côtes quelques *phoques*, de nombreux *marsouins* (fig. 73) et de loin en loin, une *baleine* (fig. 1) : jadis on chassait la baleine jusque dans le golfe de Gascogne ; mais on a fini par la détruire dans ces parages.

Les oiseaux sont plus nombreux en espèces. Des *aigles*

(fig. 152) et des *vautours* (fig. 109), d'abord, parmi lesquels l'énorme *gypaète* (fig. 7); des *faucons* au bec denté, jadis dressés à la chasse, des *milans* à la queue fourchue (fig. 153), des *éperviers*, des *buses;* puis des oiseaux de

Fig. 152. — Aigle.

Fig. 153. — Milan.

nuit : *hiboux, chouettes* (fig. 66), *ducs* (fig. 154). Des grimpeurs, *pics-verts, pics noirs et blancs* (fig. 155), qui frappent

Fig. 154. — Grand-duc.

Fig. 155. — Pic
noir et blanc.

Fig. 156. — Engoulevent.

les arbres de leur bec vigoureux et en extraient les larves parasites. Des becs fins nombreux, en tête desquels les *fauvettes* et le *rossignol*, le grand artiste, qui vaut à mon gré, sous son humble livrée, tous les splendides oiseaux de l'Amérique et de l'Inde ; des gros becs : *linot, bouvreuil, pinson, moineaux* (1), *chardonneret, alouettes*, etc. ; des becs fendus: *hirondelles, martinet*, et le bizarre *engoulevent*

(1) Quand je mets le *pluriel*, c'est qu'il existe plusieurs *espèces* portant le même nom.

(fig. 156), que son étrange figure a fait calomnier de nos paysans et injurier sous les noms de *tête-chèvre* et de *crapaud-volant*. Des *pies-grièches*, des *mésanges*, des *grives*, des *martins-pêcheurs* (fig. 87), des *coucous*, des *corbeaux*, la *huppe* (fig. 157), la *pie*, le *geai*, le *merle* et des centaines d'autres espèces chanteuses et percheuses, avec une mention spé-

Fig. 157. — Huppe.

Fig. 158. — Lagopède.

ciale au si joli *roitelet* à huppe jaune, le plus petit de nos oiseaux. Des *perdrix* (grise, rouge, bartavelle), la *caille* (fig. 175), des *coqs de bruyère*, le *lagopède* (fig. 158) ou *perdrix de neige*, roux en été, blanc en hiver : tous plus ou moins voisins de nos poules domestiques. Des *pigeons* sauvages

Fig. 159. — Outarde canepetière.

Fig. 160. — Grue.

Fig. 161. — Butor.

dont une espèce a été domestiquée. Puis, parmi les coureurs aux longues jambes, les *outardes* dont une espèce

est plus grosse qu'un dindon, et une autre, la *canepetière*
(fig. 159), est de la taille d'une poule, la *grue* (fig. 160), le
butor (fig. 161), plusieurs espèces de *hérons* et de *cigognes*,
les *râles*, la *poule d'eau*, la *foulque*, la *bécasse* (fig. 291), les
bécassines, le *vanneau*, les *pluviers*, les *courlis*, l'*échasse*
(fig. 162), la *spatule*, le *combattant*, dont le plumage varie
tellement qu'on en a fait plusieurs espèces, l'*avocette*
(fig. 163) au long bec recourbé en haut, les *chevaliers*, les
barges, quantité d'autres petits habitants des rivages et des

Fig. 162. — Échasse.   Fig. 163. — Avocette.   Fig. 164. — Grèbe.

marais. Sur l'eau, nageant ou plongeant avec leurs pieds
palmés, *cygnes* (fig. 81), *oies* (fig. 82), *canards* (fig. 83), *har-
les*, *goëlands* (fig. 79), *mouettes*, *hirondelles de mer*, *fous*, *cor-
morans*, *pélicans* (fig. 80), *plongeons*, *grébes* (fig. 164), et
quelquefois des *pingouins* (fig. 58) sur nos côtes du nord.

Comme Reptiles, nous sommes assez mal partagés, et
vous penserez peut-être qu'il n'y a pas à s'en plaindre. L'Europe possède deux *tortues*, l'une
terrestre (fig. 166), l'autre aquatique; plusieurs espèces de *lézards*
(fig. 42); dans le Midi, le *gecko*
(fig. 165), dont les pattes sont ar-

Fig. 165. — Gecko.

mées de petites ventouses, grimpe même sur les
vitres; dans le sud de l'Espagne, le *caméléon* (fig. 167),
si célèbre par ses changements de couleur; trois *vipères*,
d'inoffensives *couleuvres*, l'*orvet*, ou *serpent de verre*, ainsi

nommé parce que sa queue se casse aussi facilement que celle des lézards, quoiqu'elle ne repousse pas aussi bien, tant s'en faut : pauvre et innocent animal que poursuit la calomnie et qu'on tue parce qu'on en a peur.

Fig. 166. — Tortue terrestre.

Fig. 167. — Caméléon.

Comme Batraciens (c'est-à-dire animaux voisins de la grenouille, qui s'appelle en grec *batrachos*), nous avons les *grenouilles*, la *rainette* (fig. 168), plusieurs espèces de *crapauds* (fig. 274), la *salamandre terrestre* (fig. 169), les *tritons*

Fig. 168. — Rainette.

Fig. 169. — Salamandre terrestre.

vulgairement appelés *lézards d'eau* (fig. 324), et un animal aveugle, blanchâtre, à toutes petites pattes, qui vit dans les cavernes de la Carniole; on le nomme *protée*.

Je ne vous ai pas parlé jusqu'ici des Poissons, parce qu'il aurait fallu entrer dans trop de détails. On en pêche de nombreuses espèces dans l'Océan et la Méditerranée. Vous avez entendu parler des *bars*, des *vives*, des *grondins*, des *maque-*

Fig. 170. — Esturgeon.

Fig. 171. — Alose.

reaux, thons, merlans, harengs (fig. 295), *sardines, morues* (fig. 296), *rougets* (fig. 325), et des poissons plats : *soles, plies* (fig. 329), *turbots* (fig. 51, C), *barbues;* des *congres* ou *anguilles de mer*, des *chiens de mer*, des *raies* (fig. 331), etc.

Les noms des poissons qui habitent les eaux douces d'Europe vous sont sans doute encore plus familiers. Les plus grands sont : le *silure* du Rhin et du Danube, qu'on prétend capable de manger un enfant, l'*esturgeon* (fig. 170), le *brochet* (fig. 218) ; puis viennent le *saumon* et ses parentes les diverses espèces de *truites;* la *carpe*, le *barbeau*, la *perche*, l'*alose* (fig. 171), les nombreuses espèces de poissons blancs ou *cyprins* (c'est-à-dire voisins de la carpe, en latin *cyprinus*) ; puis les poissons en forme de serpent, la *lotte* (fig. 172),

Fig. 172. — La lotte.

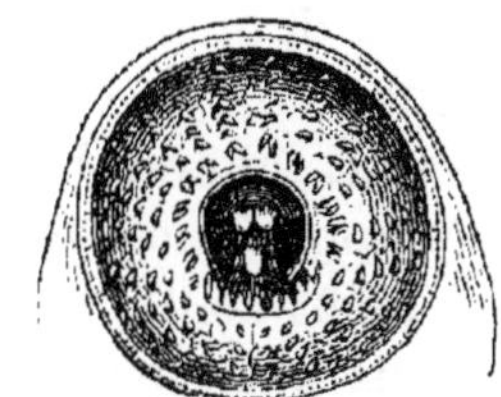

Fig. 173. — Bouche de la lamproie.

l'*anguille*, les bizarres *lamproies* à la bouche circulaire, garnie de dents cornées (fig. 173), les *sept-œils*, comme les nomment les pêcheurs, à cause des sept trous qu'elles ont

Fig. 174. — Nid d'épinoche.

de chaque côté de la tête (fig. 51, A). Les plus petits sont l'*épinoche* et l'*épinochette*, qui font de si jolis nids (fig. 174).

Tous ces animaux sont de ceux qui possèdent des os. Je n'ose vous parler des autres, dont les espèces sont vraiment innombrables : insectes, araignées, mille-pattes, vers, animaux à coquille. Du moins, on les compte par milliers. Le mieux, pour arriver à les connaître, est d'en faire une collection. Cela est fort amusant et très facile pour la plupart des insectes et surtout pour les papillons. Nous verrons à nous en occuper dans nos promenades du jeudi et du dimanche, quand viendra la belle saison.

Pour vous donner une idée approximative du nombre des espèces d'animaux à os que l'on rencontre dans notre pays, je vous citerai les chiffres que m'a fournis une étude très approfondie que j'ai faite de ces animaux dans le département de l'Yonne. J'y ai trouvé 47 espèces d'animaux à poils, 215 espèces d'Oiseaux, 11 de Reptiles, 14 de Batraciens , 33 de Poissons. Un savant ornithologiste (mot qui vient de deux mots grecs : *ornithos*, oiseau, et *logos*, étude), Degland, qui a recueilli tous les oiseaux trouvés en Europe, en compte jusqu'à 507 espèces.

Quand je dis « nous possédons tant d'espèces d'oiseaux en ce pays », il faut s'entendre. Il y a, à ce point de vue, trois sortes d'oiseaux. Les uns passent toute leur vie dans la même contrée : ils y naissent, y nichent, y meurent. Tels sont chez nous, par exemple, les moineaux, la perdrix, le pic-vert, le merle, etc. : on les appelle *sédentaires*. D'autres sont des oiseaux *voyageurs ;* ils accomplissent des *migrations.*

Les uns viennent chez nous pendant la belle saison, pour y nicher ; puis, quand arrive le froid, ils s'envolent et gagnent de plus doux climats. Tels sont les hirondelles, la caille (fig. 175), le sansonnet, les fauvettes, le rossignol, la cigogne, etc., qui nous quittent à l'hiver, se dirigent vers le sud, et pour la plupart traversent la Méditerranée, et vont passer en Afrique la saison trop froide chez nous.

Les autres, en sens inverse, arrivent chez nous en hiver ; le froid les chasse des pays du nord, et ils viennent nous

Fig. 175. — Caille.

demander asile. Ce sont pour la plupart des oiseaux d'eau ayant les pieds *palmés*, comme les canards, c'est-à-dire munis d'une membrane qui leur permet de nager plus aisément ; et des oiseaux de marais, oiseaux à longues pattes, semblables à des échasses, et pour ce dénommés *échassiers*. Puis, quand revient le printemps, ils nous quittent et remontent pour nicher en Hollande, en Écosse et plus loin encore dans le Nord.

Telle est la population animale de notre pays. Mais elle n'a pas toujours été aussi pauvre qu'aujourd'hui en grosses espèces. Il y a bien des milliers d'années, les premiers habitants de la France vivaient dans des cavernes, et ne possédaient pour toutes armes que des bâtons et, plus tard, des pierres qu'ils taillèrent grossièrement et emmanchèrent dans des morceaux de bois (fig. 176). Ils avaient alors à combattre de redou-

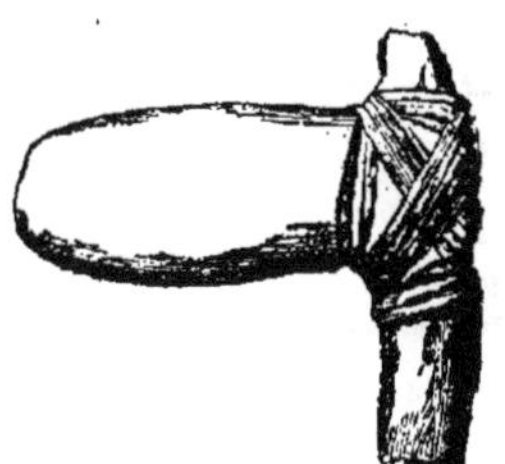

Fig. 176. — Silex emmanché.

tables animaux, dont on retrouve maintenant les os plus ou moins complètement pétrifiés, soit dans ces cavernes mêmes, mêlés aux armes de ces hommes primitifs, soit

dans les couches de sable qu'ont déposées sur leurs bords
en se rétrécissant nos rivières et nos fleuves, alors beaucoup plus puissants qu'aujourd'hui. Comme ennemis di-
rects, ils devaient lutter contre une sorte de tigre, plus
grand que le tigre indien, contre un ours plus grand que
l'ours grizzly. Ils chassaient un éléphant garni de poils,

Fig. 177. — Éléphant mammouth.

nommé le *mammouth* (fig. 177), et un rhinocéros de la
taille de ceux qui vivent aujourd'hui. Ils se nourrissaient
de chevaux sauvages, de rennes, d'ovibos semblables à
ceux qu'on ne retrouve plus de nos jours que dans le nord de l'Amérique (fig. 77).

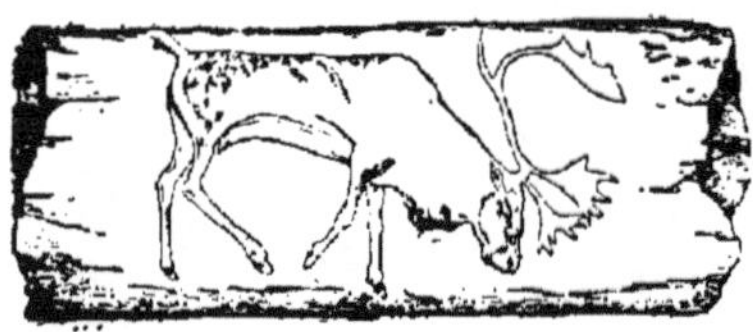

Fig. 178. — Renne (dessin *préhistorique sur une lame d'ivoire*).

Nous avons la preuve de tout cela non seulement par les débris de ces animaux, mais par des dessins (fig. 178), des sculptures, qu'on
a retrouvés enfouis, et que traçait l'homme des cavernes.
Tous ces animaux ont disparu en partie par ses efforts,
en partie à la suite de changements considérables qui
se sont opérés dans le climat de nos contrées.

Ces faits, récemment connus, ont prouvé jusqu'à l'évidence que l'existence de l'homme sur la terre est bien plus ancienne qu'on ne le supposait et qu'on ne l'enseignait il y a même quelques années.

Je viens de vous parler de l'homme qui habitait nos contrées à une époque où il n'y avait pas d'histoire, de l'homme qu'on appelle quelquefois pour cette raison *préhistorique*. Est-ce que vous pensez qu'il ne serait pas bon d'examiner un peu les hommes qui vivent dans les diverses contrées de la surface du globe, et qui, vous le savez bien déjà, ne se ressemblent pas partout? Il me semble que cela est au moins aussi intéressant que l'étude des perroquets ou des rhinocéros ? Voyons donc cela rapidement.

Qui de vous n'a rencontré quelque homme tout noir, noir sur tout le corps, excepté à la paume des mains et à la plante des pieds, avec les cheveux frisés comme de la laine, le nez aplati, un *nègre* (fig. 179) en un mot ? D'où vient ce nègre? — D'Afrique ou d'Amérique, direz-vous. — Cela est vrai; mais s'il était né en Amérique, ses ancêtres sont à coup sûr africains. Tous les nègres sont d'Afrique. Ils peuplent les vallées du Niger , du Congo, du Zambèze, les hauts plateaux du centre, la région des lacs, le Soudan, la haute Abyssinie. Ils vivent là en petites peuplades, parfois confédérées, se faisant la guerre, et pratiquant en grand la chasse à l'homme. — Pour le manger ? — Non, car bien peu sont *anthropophages* (de deux mots grecs : *anthrôpos*, homme ; *phagô*, manger), mais bien plutôt pour le faire esclave, et le vendre surtout aux blancs qui font la *traite des nègres*. C'est de la sorte que des milliers de ces malheureux ont

Fig. 179. — Nègre.

été — et sont encore secrètement, la traite étant interdite — transportés dans les deux Amériques et réduits
en esclavage. Les nègres, peu intelligents, n'ont jamais
bâti que des huttes parfois réunies en assez grand nombre pour faire une ville ; ils n'ont point d'industries ; la
culture de la terre est chez eux au maximum de simplicité.

Ce ne sont pas cependant les derniers des hommes. Il
faut mettre après eux, comme intelligence, les petites
races d'hommes qui habitent les régions les plus inac-
cessibles de l'Afrique, et qui sont surtout communs
dans le voisinage du Cap, où on les nomme *Bochis-*
man (en anglais *homme des buissons*). Sur le même rang
il faut placer les habitants de l'Australie, petits, noi-
râtres, avec les cheveux plats, qui disparaissent rapidement devant les progrès de la civilisation.

Bien au-dessus du nègre nous élèverons l'homme à la
peau jaunâtre, à la petite taille, aux longs cheveux plats
et noirs, aux yeux obliques, aux pommettes saillantes,
qui peuple le Japon, la Chine et
la plus grande partie de l'Asie
du nord. Il a fondé de grands
empires , créé une civilisation
fort avancée , bâti de grandes
villes, creusé des canaux, inventé une agriculture très per-
fectionnée ; mais tout cela semble de nos jours tombé en déca-
dence.

Fig. 180. — Race mongolique.

Les habitants des grandes îles
de la Sonde, les *Malais*, ont les
plus grands rapports avec cette
race qu'on désigne d'ordinaire sous le nom de *race jaune*
ou *mongolique* (fig. 180).

Ceux des deux Amériques n'en sont pas très éloignés.
Ces hommes à peau cuivrée dans le nord (*Peaux-rouges*),

presque noire dans le sud, ne sont plus aujourd'hui que
des sauvages progressivement repoussés et détruits par
l'invasion et le développement des émigrants européens.
Mais lorsque Christophe Colomb découvrit l'Amérique,
ils étaient puissants et civilisés. C'étaient de vrais empires, avec de grandes villes, que celui du Mexique conquis
par Cortez et celui du Pérou conquis par Pizarre; ils ont
laissé d'importantes ruines, marques de leur grandeur
détruite.

Mais la race intelligente entre toutes, celle qui envahit
et tend à détruire ou à subjuguer les autres, c'est celle à
laquelle nous appartenons, c'est la *race blanche* (fig. 181).

Mauvais mot, car notre peau
n'est pas blanche, quoique in-
finiment plus claire que celle du
Chinois, de l'Américain, de l'Aus-
tralien et du Nègre surtout. Mauvais mot encore, parce qu'il est
des peuples appartenant à notre
race qui ont la peau très foncée
et presque noire : tels les Abyssi-
niens et les Indiens.

La race blanche est originaire
des régions asiatiques comprises
entre l'Inde, la Chine, la mer Cas-

Fig. 181. — Race blanche.

pienne et la mer Méditerranée. Elle a peuplé ces contrées;
puis, il y a des milliers d'années, elle a émigré pour aller
peupler au sud l'Inde et l'Arabie, et du côté du couchant
l'Europe entière, d'où le nom sous lequel on la désigne plus
volontiers aujourd'hui de race *indo-européenne*. Et puisque
son histoire nous intéresse tout spécialement, je vous
dirai sans aucun détail qu'on la divise d'ordinaire en plusieurs branches : les Slaves (Russes, Cosaques, Polonais),
qui ne sont pas sans quelques rapports avec les Mongols;
les Indiens, les Sémites (Arabes, anciens Phéniciens et Car-

thaginois, Juifs, Kabyles d'Algérie), les Caucasiques (Persans, Scandinaves, Germains, Gaulois, Grecs, Latins).

Ainsi se trouve accomplie notre histoire de la distribution des races humaines et des espèces animales les plus connues à la surface du globe.

NEUVIÈME LEÇON

CROISSANCE DE L'ANIMAL. — ALLAITEMENT. — ŒUFS ET
POUSSINS.

SOMMAIRE. — Les changements extérieurs et intérieurs avec l'âge. —
Le lait : crème, beurre, fromage. — Les oiseaux qui se nourrissent
seuls au sortir de l'œuf, et ceux qui ne le peuvent. — La structure
d'un œuf. — Le développement du petit oiseau : incubation, nids ;
intelligence et instinct ; couveuses artificielles.

Jacques, mon enfant, levez-vous. Mettez-vous là contre le
mur, que je mesure bien votre hauteur. Bon : 1^m,18. Quel
âge avez-vous ? — Neuf ans. — Fort bien. Est-ce que vous
comptez rester toujours à cette taille ? Non, n'est-ce pas ?
Vous riez, et vous vous dites que, dans quelques années,
vous aurez ma taille, ou même plus, et que peut-être vous
deviendrez aussi grand que votre père, qui a bien 1^m,80.
En d'autres termes vous grandirez. J'en suis sûr comme
vous.

Et l'année dernière, aviez-vous 1^m,18 ? Non, à coup
sûr, mais bien quelques centimètres de moins. Et l'année
d'avant, quelques centimètres encore. Et aussi loin que
vous vous rappelez dans vos souvenirs d'enfance, vous
vous voyez toujours de plus en plus petit jusqu'au temps
où vous marchiez à peine, trébuchant et vous tenant aux
meubles.

Ainsi vous grandissez au fur et à mesure que vous
vieillissez. Mais pas indéfiniment : quand vous aurez une

vingtaine d'années, vous cesserez de croître, vous aurez
atteint votre taille d'homme.

Est-ce seulement la taille qui aura changé en vous depuis votre enfance? Non certes. D'abord, tout petit, vous
étiez si faible que vous ne pouviez vous tenir debout sur
vos petites jambes, ni même vous traîner à terre ; il fallait vous porter sur les bras. Plus tard, vous avez pu aller
à quatre pattes, puis enfin vous redresser, marcher, pas
solidement d'abord. Aujourd'hui vous voilà fier et bon
marcheur. Pourtant vous avez voulu aller à la chasse
dimanche avec votre père, et il a fallu vous ramener au
milieu de la journée : vous étiez trop fatigué. Dans dix
ans d'ici, ce sera autre chose : vous serez grand et fort,
tout prêt à faire l'étape comme un bon soldat, sac au
dos, fusil à l'épaule. Ainsi, en même temps que la taille
aura augmenté, vous aurez pris de la force.

Ce n'est pas tout. Tout petit, vous n'aviez pas de dents
dans la bouche. Elles sont poussées vers 2 ou 3 ans, au
nombre de 20. Puis elles ont commencé à tomber, et une
à une les voici remplacées par les dents de la *seconde
dentition*, qui, lorsqu'elles seront toutes sorties, seront au
nombre de 32.

Ce n'est pas tout encore : la barbe vous viendra au
menton, et vous voudriez bien en être là, j'en suis sûr.
Votre voix changera, et deviendra forte et sonore. Vous
aurez cessé d'être un enfant, et serez à l'*âge adulte*.

Tel vous serez vers l'âge de vingt ans. Pendant vingt ou
trente ans de *jeunesse*, vous ne changerez pas beaucoup
d'aspect. Puis, cheveux et barbe blanchiront, les cheveux
même tomberont peut-être, et aussi les dents. Vous deviendrez faible, et vous vous courberez de plus en plus
vers la terre. Du moins c'est ainsi que font beaucoup de
vieillards, et vous serez alors un vieillard. Enfin, un jour
arrivera, où toutes forces se perdront, et où vous deviendrez immobile, inerte, insensible : ce sera la *mort*.

Votre histoire est non seulement celle de tous les hommes, mais celle de tous les animaux. Ainsi font chats, chiens, chevaux, moutons, etc. Seulement, ils accomplissent plus ou moins vite la période qui sépare la naissance de la mort. Il est des petits insectes qui vivent moins d'un jour. On croit que certains oiseaux, que l'éléphant, peuvent vivre une centaine d'années. L'homme a souvent dépassé cette limite, et l'on a cité des *centenaires* qui ont atteint 130 ans.

N'y a-t-il que des différences extérieures entre l'enfant et l'adulte ? Non, certes, il en est de plus profondes. Avez vous jamais examiné des os de veau, quand on en sert ? Avez-vous remarqué qu'ils sont tendres, mous, qu'on peut les ronger comme il serait impossible de le faire pour les os du bœuf adulte ? On appelle *cartilages* ces parties molles qui deviendront des os plus tard.

Vos os ont été cartilagineux quand vous étiez tout petit, et c'est une des raisons pour lesquelles vous n'auriez pas pu vous tenir debout. Quand vous vous êtes mis à marcher, ils étaient déjà en grande partie osseux. Cependant ils étaient encore bien mous, et c'est pour cela que les petits enfants se cassent si rarement un bras ou une jambe ; c'est pour cela aussi qu'on peut leur faire faire toutes sortes de tours nécessitant une grande élasticité.

Vous, parce que vous avez neuf ans, n'allez pas croire que vos os sont tous durs et solides. Tant s'en faut. Il n'en sera guère ainsi avant que vous ayez vingt ou vingt-cinq ans. Et c'est alors que vous cesserez nécessairement de grandir.

Quand vous étiez tout petit, et sans dents, vous avez été nourri avec du lait. Il en est de même des petits veaux, des petits chats, de tous les jeunes animaux ayant du poil. Et comme ce lait est formé dans l'organe qu'on appelle la mamelle (en latin *mamma*), on a donné à tous

les animaux à poils le nom de *Mammifères* (*ferre*, en latin, veut dire porter).

C'est une admirable chose que ce lait. Il contient tout
ce qui est nécessaire au développement du jeune animal,
et il y a en lui ce qu'il faut pour former des os, de la
chair, des poils, de la graisse, etc.

C'est, vous le savez tous, un liquide un peu bleuâtre,
dans lequel flottent, ainsi que je vous l'ai déjà dit, des quantités de petits globules blancs (fig. 36). Ces globules sont
formés de graisse enveloppée dans une sorte de petite
poche extraordinairement mince. Si on laisse le lait bien
tranquille, ils montent à la surface, et forment la *crème*
(fig. 182). Si, au contraire, on bat fortement le lait (fig. 183),
on brise les petites enveloppes, et la graisse, devenue

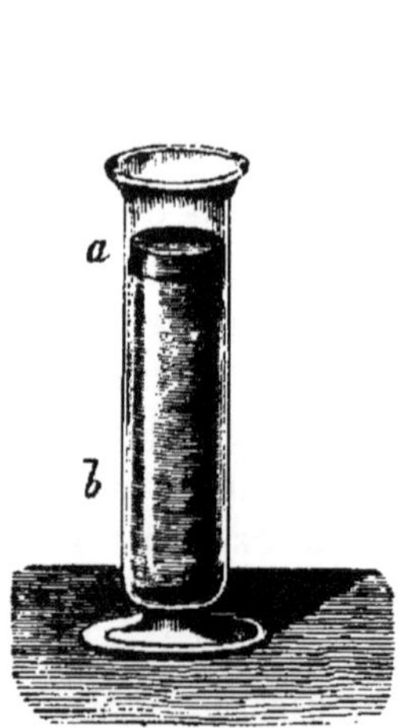

Fig. 182. — Lait au repos avec couche
de crème, *a.*

Fig. 183. — Baratte
à beurre.

libre, se réunit en une masse qui surnage, étant plus légère que le liquide ; c'est le *beurre*. Enfin, si on laisse le
lait à lui-même, il aigrit et se *caille*, c'est-à-dire se prend

en grumeaux solides. On obtient le même effet, mais bien plus rapidement, avec certaines substances; c'est ainsi qu'on fabrique le *fromage*. Aussi ces grumeaux s'appellent-ils de la *caséine* (du latin *caseum*, fromage). C'est la réunion de la caséine, de la graisse, du sucre et des autres substances que contient le liquide, qui fait que le lait est capable à lui seul de nourrir et de faire développer le petit animal.

Voilà pour les Mammifères. Voyons maintenant les Oiseaux.

Voici deux œufs, bien semblables en apparence. J'en brise un, j'y trouve du jaune et du blanc, de quoi faire une omelette. Je brise le second, et, chose merveilleuse, il en sort un petit poulet qui commence à marcher sur la table. Quelle différence y a-t-il entre ces deux œufs ? Rien, sinon que le premier est frais pondu, tandis que le second est resté pendant trois semaines sous la mère qui le *couvait*, c'est-à-dire qui le réchauffait.

Ainsi le jaune et le blanc contenaient tout ce qui était nécessaire pour la constitution du petit oiseau , pour former ses organes, ses os , ses plumes, son sang. L'œuf est donc pour l'oiseau ce qu'est le lait pour le mammifère , et même quelque chose de plus complet et de plus admirable encore.

Fig. 184. — Poussins nouvellement éclos.

Voici le petit *poussin* (fig. 184) sorti de l'œuf. Il sait déjà marcher, il est de force à le faire. Donnez-lui des graines, et il va les piquer à coups de bec, assez habilement; mais si vous lui donnez des fourmis qui remuent, il ne sera pas assez adroit pour les attraper : demain ce sera autre chose.

Si au lieu d'un œuf de poule nous eussions fait couver

un œuf de cane, le petit en sortant de l'œuf aurait su non seulement marcher, mais nager, et aurait, à la première occasion, couru se jeter à l'eau.

Mais il ne faudrait pas croire que tous les petits oiseaux sont aussi forts, alertes et adroits en sortant de l'œuf. Entrez dans un colombier, et voyez le petit pigeon frais éclos. Il est tout rouge, sans plumes, aveugle, incapable de remuer, ne sachant qu'ouvrir tout grand le bec pour recevoir la nourriture que lui apportent son père et sa mère. Ainsi font les jeunes des passereaux, des hirondelles, des rossignols, de tous les petits oiseaux de nos contrées, et aussi des oiseaux de proie.

Il y a donc à ce point de vue deux sortes d'oiseaux : ceux qui se nourrissent eux-mêmes au sortir de l'œuf, mangeant ce qu'ils rencontrent; ceux, au contraire, qui sont forcés de rester au nid, attendant la becquée.

Les Reptiles, les Poissons, les animaux sans os, pondent tous des œufs. Dans l'immense majorité des cas, ces œufs sont abandonnés complètement par la mère, et le petit qui en sort se tire seul d'affaire, comme il peut. On donne le nom d'*ovipares* à tous ces animaux qui pondent des œufs, et de *vivipares* à ceux qui, comme les mammifères, mettent au monde des petits vivants.

Voulez-vous que nous regardions d'un peu plus près un œuf de poule ou de tout autre oiseau? La chose en vaut la peine. Voici d'abord la *coquille*, enveloppe solide et cassante, composée de *calcaire*, comme nos pierres ordinaires, comme la craie. Aussi, si vous la mettez dans du vinaigre fort, elle s'y dissout complètement. Il n'est pas un de vous qui n'ait utilisé cette propriété soit pour couper la coquille d'un œuf avec du fil imbibé de vinaigre, soit pour tracer des gravures à sa surface, après l'avoir revêtue d'une couche de vernis sur lequel on dessine ensuite avec une pointe.

La présence du calcaire dans la coquille explique en partie pourquoi les oiseaux avalent fréquemment de petites pierres. Si on les en empêche, ils pondent tout de même, mais des œufs mous, sans coquille solide.

L'œuf de la poule est blanc ; mais vous savez que ceux de la plupart des oiseaux présentent des taches dont la forme, la disposition, la couleur, varient d'une espèce à l'autre.

Cassons notre œuf maintenant, sur une assiette ou dans un verre, avec quelques précautions. Vous y voyez d'abord très nettement deux parties, le *blanc*, qui s'étale sur l'assiette, le *jaune*, qui garde une forme plus ou moins ronde et surnage, étant plus léger que le blanc, à cause de la graisse qu'il contient. Attendez quelques instants. Voyez-vous, sur le haut du jaune, une petite tache blanche ? C'est le *germe*, c'est ce qui aurait formé plus tard le petit poulet, si on avait mis l'œuf couver.

Mais tout cela s'étale sur l'assiette, et nous ne pouvons nous rendre bien compte de la manière dont toutes ces parties sont placées dans l'œuf. Pour le savoir, voici ce que nous allons faire.

Nous allons mettre un œuf dans l'eau bouillante, pendant une dixaine de minutes. C'est plus qu'il ne faut pour le *cuire dur*, comme on dit. Le blanc et le jaune, tout à l'heure liquides, sont devenus presque solides ; ils se sont *coagulés*, suivant l'expression des savants. Chez quelques oiseaux, le jaune (qui n'est pas toujours jaune, et est quelquefois verdâtre) devient assez dur pour qu'on en fasse des ornements sculptés.

Voici notre œuf dur. Laissons-le refroidir, car il nous brûlerait les doigts : il a fallu pour le durcir une température d'au moins 70 degrés. Maintenant, cassons la coquille et enlevons-la avec soin.

La première chose que nous voyons, c'est que l'œuf ne remplit pas toute la coquille. Vers le gros bout, il y a

P. BERT. — Zoologie (8me). 7

un vide, et ce vide est d'autant plus grand que l'œuf est moins frais. C'est sur l'existence de cette *chambre à air* que se fondaient les *gros-boutiens* de Gulliver pour justifier leur méthode de casser les œufs à la coque.

Prenons un couteau, et coupons notre œuf (fig. 185) en

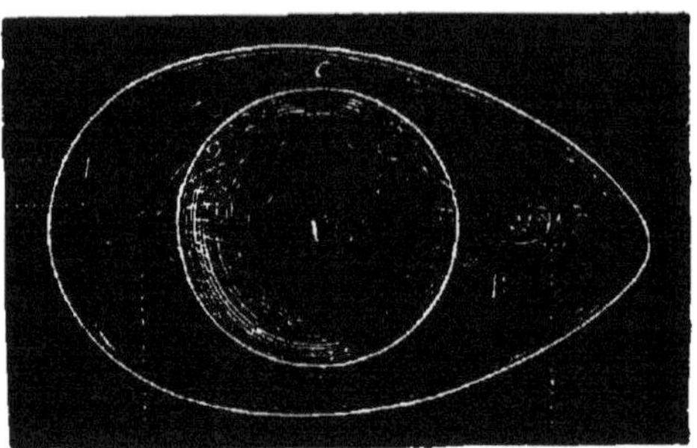

Fig. 185. — Coupe d'œuf.

long, bien par le milieu. Vous voyez que le jaune est au centre, formant une grosse boule, V ; tout autour le blanc, B. Le jaune est enveloppé dans une fine membrane, qui l'empêche de se mélanger au blanc ; il est suspendu de chaque côté par une espèce de cordon tortillé qui va rejoindre le bout de l'œuf. Vous le connaissez bien ; c'est la partie la plus difficile à cuire de l'œuf, et souvent les enfants refusent de la manger dans l'œuf à la coque, parce qu'elle reste gluante.

Quand on remue fort les œufs, quand on les fait voyager sans précaution, ces cordons se rompent, et aussi parfois la membrane du jaune. C'est pour cela que ces œufs se gâtent vite et ne sont plus bons à couver.

Les œufs entrent, vous le savez tous, pour une part considérable dans l'alimentation. On se sert aussi, dans plusieurs industries, du blanc de l'œuf, qu'on appelle de l'*albumine*.

Je vous parlais tout à l'heure du germe. Il est encore plus léger que le jaune, ce qui fait que, dans n'importe quelle position que l'on place l'œuf, il vient toujours à sa partie supérieure (fig. 185, *c*). Vous comprenez combien cela est avantageux quand la mère couve : le germe étant au-dessus reçoit la plus grande quantité de chaleur.

N'allez pas vous figurer que le germe, cette petite tache blanche, qui sera dans quelques jours un oiseau, contienne déjà l'oiseau tout petit et n'ayant qu'à grossir. Non, regardez-la avec la loupe, avec le microscope même, vous n'y verrez ni os, ni plumes, ni tête, ni ailes, ni pattes, rien que de tout petits grains grisâtres comme une poussière.

Comment cette tache sans forme devient-elle un oiseau ? C'est ce qu'on apprend en cassant chaque jour un œuf dans la couvée. On sait tout cela aujourd'hui, et dans le plus menu détail. Mais cela est très difficile à exposer, et nous nous en occuperons quand vous serez plus grands.

Tout ce que je puis vous dire aujourd'hui, c'est que pour se développer le germe a besoin de chaleur. Dans l'état régulier des choses, c'est la mère qui lui fournit cette chaleur en couvant.

En effet, les oiseaux ne pondent pas leurs œufs au hasard. Ils les rassemblent à côté l'un de l'autre, et pendant un certain temps, la femelle reste sur eux assidûment, leur fournissant la chaleur de son corps ; c'est ce qu'on appelle *couver*. Il n'y a guère que le *coucou* qui soit si paresseux qu'il ne couve même pas ses œufs, et va les pondre un par un dans les nids d'autres oiseaux.

Le plus souvent, et surtout lorsque les petits devront, après leur éclosion, être incapables de courir et de chercher leur nourriture, l'oiseau construit un *nid*, pour y pondre ses œufs.

Rien de plus varié que la forme de ces nids. Il en est de fort simples : un creux en terre et quelques brins de paille. Il en est d'extraordinairement compliqués, où les oiseaux s'associent les uns aux autres par troupes nombreuses pour faire une bâtisse commune (fig. 186). Les uns sont faits simplement en terre bâtie, comme ceux de l'hirondelle, puis garnis en dedans de mousse, de plumes,

Fig. 186. — Nid du Moineau républicain.

Fig. 187. — Nid de la fauvette couseuse.

Fig. 188. — Nid du chardonneret.

de débris divers, où les œufs et les petits seront douillettement et au chaud; d'autres sont formés de feuilles cousues (fig. 187); d'autres sont artistement tissés avec des feuilles, de la paille, etc. Il en est qui ont la forme d'une coupe régulière, largement ouverte (fig. 188), d'autres celle d'un cône allongé où l'on ne peut entrer que par une petite ouverture, quelquefois fermée d'un couvercle mobile. Il y en a de fixés sur les fourches de branches d'arbres, d'autres de suspendus, se balançant au bout des ra

Fig. 189. — Nid d'un oiseau de l'Inde.

meaux (fig. 189), d'autres flottant sur l'eau, d'autres

cachés en des troncs d'arbres (fig. 157) ou des creux de rocher.....; j'en aurais bien d'autres à dire.

En tout cela, il faut admirer l'activité des oiseaux, leur adresse, leur patience. Qui est-ce qui leur a montré à si bien travailler? Personne. Chaque espèce sait son modèle de nid par cœur, sans jamais l'avoir appris.

Mais il ne faut pas trop s'enthousiasmer de leur intelligence. Jamais ils ne changent rien à la manière de faire de leurs ancêtres. Un chardonneret aura beau voir travailler les hirondelles, jamais il n'aura l'idée d'aller chercher de la terre et de se maçonner un nid solide. Jamais l'hirondelle ne renoncera à se salir le bec et les pattes dans la boue pour tisser un joli petit nid bien propre et bien moussu.

Les oiseaux bâtissent leurs nids par *instinct*. Ils savent les faire sans l'avoir appris, c'est vrai; mais ils ne les modifient ni ne les améliorent. Nous autres, nous sommes obligés de tout apprendre, ce qui n'est pas toujours amusant. Mais aussi nous perfectionnons continuellement ce qu'on nous a appris à faire. Nous travaillons non par instinct, mais par *intelligence :* les bêtes seront toujours les bêtes!

Pendant que la femelle couve, elle n'ose souvent pas se déranger, et il faut que le mâle lui apporte à manger dans son nid. C'est que si les œufs se refroidissent, les petits y meurent, et l'oiseau a cela, d'instinct, dans la tête.

Fig. 190. — Couveuse.

Pour ceux des oiseaux domestiques dont les petits courent en sortant de l'œuf, les poules et les canards, on a trouvé le moyen de se passer d'une mère pour couver. On fournit aux œufs de la chaleur artificielle (fig. 190).

On se sert pour cela d'instruments appelés *couveuses*, où les œufs sont rangés sur des claies, et où l'on entretient une température de 30° environ par des procédés qui sont extrêmement variés. Mais quand les petits pou-

Fig. 191. — Coupe d'une poussinière.

lets sont éclos, il faut de grands soins pour leur donner la nourriture, et les empêcher de prendre froid (fig. 191).

Les tortues, les lézards, les serpents, pondent des œufs qui ressemblent beaucoup à ceux des oiseaux, mais n'ont pas de coquilles calcaires. Ces animaux ne couvent pas, n'ayant pas de chaleur à donner ; mais ils pondent soit au soleil, soit dans des endroits chauds.

Les Grenouilles, les Poissons pondent des œufs tout à fait sans coque, et qui se développent et éclosent dans l'eau.

Les œufs des animaux sans os sont extrêmement variés de forme. Vous connaissez tous ceux des papillons, collés sur des feuilles ou des branches, des limaçons, semblables à des grappes, des araignées, dans leur nid soyeux.

DIXIÈME LEÇON

MÉTAMORPHOSES DU VER A SOIE, DE LA GRENOUILLE,
DE LA MOUCHE.

SOMMAIRE : Les métamorphoses : la grenouille ; les insectes : métamorphoses complètes et incomplètes ; les crustacés.

Si l'on vous montre un petit chat âgé de deux ou trois
jours, vous n'hésitez pas à dire que c'est un chat ; de
même pour un chien, un veau, un poulain. De même
pour un petit oiseau sortant de l'œuf :
même le petit pigeon tout rouge, si
différent qu'il soit de son père et de
sa mère, il ne vous viendra pas à l'i-
dée que ce ne soit pas un oiseau. De
même encore pour un petit lézard,
un petit serpent, une petite tortue.

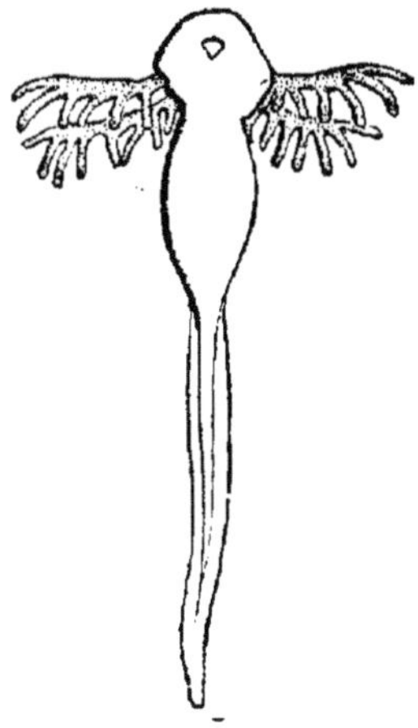

Mais voici d'un côté une grenouille,
de l'autre un petit têtard (fig. 192).
Si vous ne le saviez pas, vous dou-
teriez-vous jamais que ce têtard
vient de sortir d'un œuf de grenouille et qu'il deviendra une grenouille lui-même ? Non , n'est-ce

Fig. 192. — Têtard sortant
de l'œuf (très grossi).

pas ? La grenouille a quatre pattes, le têtard point ; la
grenouille vit sur terre, le têtard dans l'eau, sous l'eau,
car c'est un véritable aquatique ; la grenouille a des pou-

mons, le têtard des branchies; la grenouille mange des mouches, des vers, le têtard de l'herbe; le têtard a une longue queue, la grenouille pas trace. Ces deux animaux semblent en vérité n'avoir rien de commun.

On donne le nom de *métamorphoses* à ces changements de forme si considérables qu'on a peine à se figurer qu'on a toujours affaire au même animal.

Le têtard qui sort de l'œuf de la grenouille est tout petit, tout noir, sans pattes; sur les côtés de son cou flottent deux petites houppes à l'aide desquelles il respire l'air dissous dans l'eau; ce sont des *branchies externes* (fig. 192). Bientôt il perd celles-ci, et acquiert des *bran-*

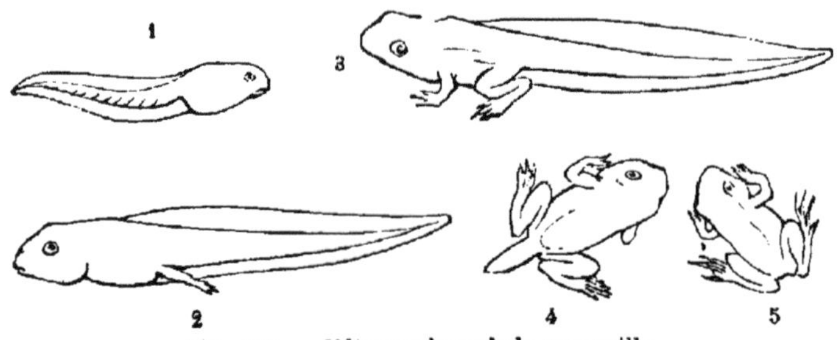

Fig. 193. — Métamorphose de la grenouille.

chies internes (fig. 193, 1). Il devient ainsi gros comme une noisette environ; on voit alors apparaître ses pattes de derrière, qui percent la peau et grandissent (2), puis celles de devant (3). A ce moment, la queue commence à diminuer, et il se forme des *poumons* dans l'intérieur de la poitrine (4). Puis, petit à petit, la queue disparaît, et l'on a devant soi une petite grenouille (5). La métamorphose a mis au moins une année à s'accomplir. Chose curieuse, cette grenouille est plus petite que ne l'était le têtard un mois auparavant. Cela tient à ce que le têtard, qui était herbivore, avait un intestin très long qui lui faisait un gros ventre, et qui s'est beaucoup raccourci dans la grenouille devenue carnivore.

L'histoire de la grenouille est celle du crapaud (fig. 274),

de la rainette (fig. 168), et de tous les animaux voisins.
Les tritons (fig. 323) ou lézards d'eau et les salamandres
(fig. 169) ont des métamorphoses analogues ; seulement,
ils ne perdent jamais leur queue.

Les Batraciens ne sont pas, tant s'en faut, les seuls
animaux à métamorphoses. Les Insectes en présentent
presque tous.

Prenez par exemple un papillon, et, à cause de l'intérêt
qu'il présente, le papillon du mûrier. A la fin de la belle
saison, il pond quantité d'œufs, et meurt. Vient le printemps, et de ces œufs sort un petit ver noir, long à peine
de deux millimètres, c'est le *ver à soie*. Vous le connaissez
bien, vous en avez assez élevé avec de la laitue ou de jeunes feuilles de mûrier. Il grossit ; puis un beau jour, vous
l'avez dû remarquer, il change de peau, il *mue*, et simulta-
nément il a grossi soudain. Quelques
jours après, nouvelle mue, nouveau
grossissement ; il y en a quatre semblables, sans que le ver (fig. 194) ait
changé de forme, sinon de dimension : on lui voit toujours ses fausses
pattes à ventouses avec lesquelles il
marche, ses six petites pattes d'insecte qui lui servent à tenir la feuille,
ses fortes mâchoires transversales
avec lesquelles il la ronge. Enfin le
voici âgé d'un mois environ ; il est
gros, gonflé d'une soie transparente ;

Fig. 194. — Ver à soie.

il grimpe sur quelque branche, si vous ne lui donnez
un cornet de papier où se cacher, il commence à filer et
s'enveloppe d'un cocon.

Celui-ci nous gêne ; quand il sera bien terminé, c'est-
à-dire au bout de trois ou quatre jours, coupons-le
avec des ciseaux. Que voyons-nous ? Le ver à soie, la

7.

chenille, la *larve*, comme on l'appelle quelquefois, a
encore une fois changé de peau, et mué : voici sa peau
dans le cocon. Mais elle a en même temps singulièrement changé de forme; ce n'est plus un ver allongé,
mais un corps qui ressemble à une amande : plus de
pattes, une peau coriace où, en y regardant avec soin,
on voit comme le moule du papillon avec ses ailes, ses
pattes, sa trompe ; c'est la *chrysalide* (fig. 195) (du grec
chrysos, or, parce que beaucoup de chrysalides ont une
couleur dorée) : on la dirait morte, car elle ne bouge pas ;
mais si vous la chatouillez, elle remue énergiquement.

Au bout d'une semaine environ, nouvelle mue, nou-

Fig. 195. — Chrysalide
du ver à soie.

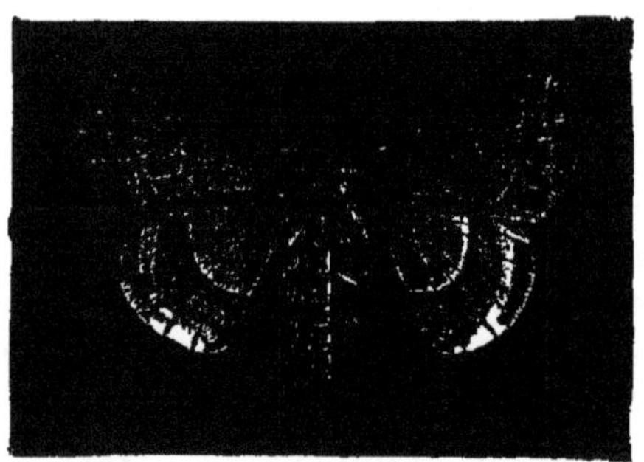

Fig. 196. — Bombyx du mûrier (papillon du
ver à soie).

veau changement et de peau et de forme. La peau de la
chrysalide se fend sur le dos, et lentement en sort le
papillon tout humide, qui lorsqu'il sera sec pourra prendre son vol (fig. 196). Cette fois, la métamorphose est plus
grande encore. Le corps s'est nettement divisé en trois
parties : la *tête*, le *corselet*, l'*abdomen*. Sur la tête ont
poussé des *antennes*, et les mâchoires coupeuses et broyeu-
ses de la chenille ont fait place à une *trompe* allongée que
le papillon enroule et déroule à son gré. Sous le corselet,
nous reconnaissons les trois paires de pattes, mais bien
grandies ; dessus, ont poussé quatre ailes munies de

nervures et de petites écailles qui ne sont qu'une modi-
fication des poils qui recouvrent maintenant tout le corps.
L'abdomen s'est raccourci ; il a perdu ses fausses pattes
et la corne qui le terminait.

Ce *papillon*, cet *insecte parfait*, comme on l'appelle, n'a
plus rien des goûts de la chenille ; celle-ci vivait de feuilles qu'il méprise et du reste ne saurait manger avec sa
trompe : il se nourrit du suc des fleurs. Mais il se rappelle sans doute ses premiers goûts, car, s'il est libre, il
ira pondre son œuf précisément sur la plante dont il se
nourrissait quand il n'était qu'une pauvre chenille.

Telle est l'histoire de tous les papillons ; tous ne se filent pas de cocons, et beaucoup ont la chrysalide *nue*
(fig. 197); mais tous pré-
sentent les trois formes
suivantes : chenille, chrysalide, papillon. C'est ce
qu'on appelle une *méta-
morphose complète*.

La mouche est dans le
même cas. Qui de vous
n'a vu, sur la viande, les
paquets d'œufs blancs de

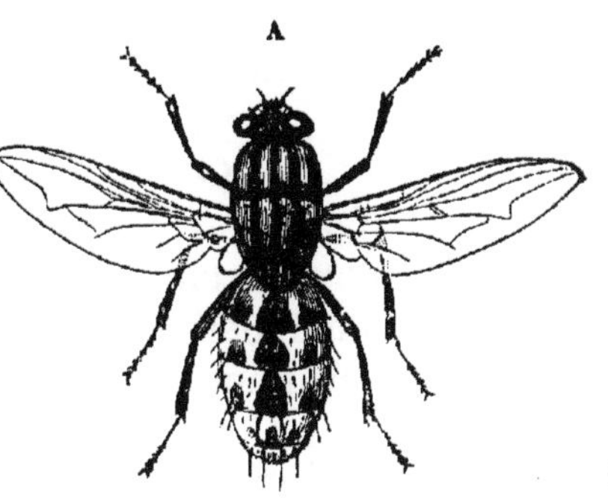

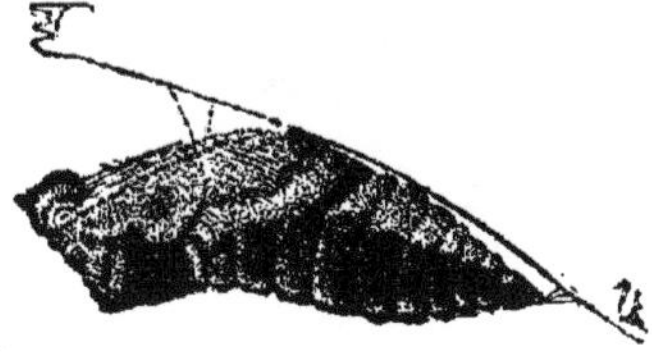

Fig. 197. — Chrysalide nue.   Fig. 198. — Mouche A, et asticot B (grossis).

la mouche carnassière? Il en sort bientôt de petits vers
qui grossissent et sont bien connus des pêcheurs à la
ligne, sous le nom d'*asticots* (fig. 198, B). Arrivé à sa taille,
l'asticot s'immobilise, prend l'apparence d'un gros pépin
de raisin, et au bout de peu de jours se transforme en

mouche semblable à celle qui lui avait donné naissance.

Même série encore pour les scarabées, et pour tous ces insectes à cuirasse que les naturalistes ont nommés *Coléoptères (coléos*, étui et *ptéron*, aile, parce que leur première paire d'ailes forme un étui pour la seconde). Prenez le plus commun de tous, le hanneton. C'est lui dont la larve, sous le nom de *ver blanc* (fig. 199), cause tant de ravages en rongeant les racines des plantes.

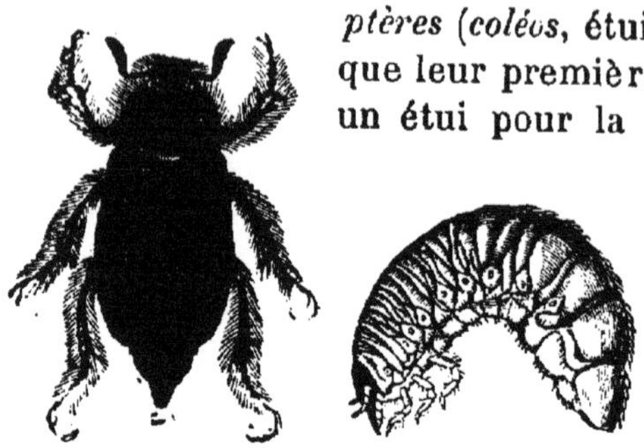

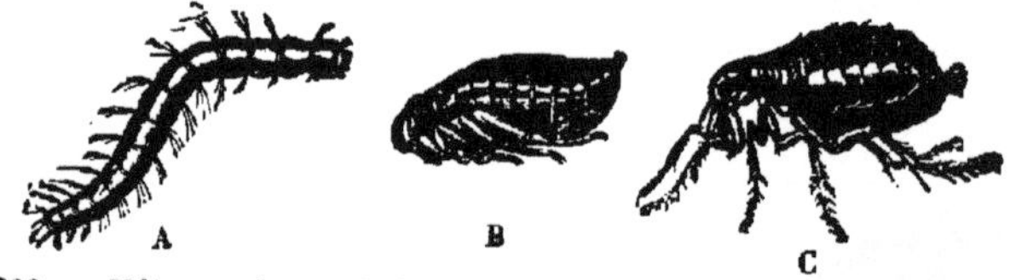

Fig. 199. — Hanneton et ver blanc

Elle a aussi sa phase de chysalide immobile, laquelle se passe également sous terre ; puis le hanneton, l'insecte parfait, apparaît. Les Coléoptères ont des métamorphoses complètes.

Enfin, j'en dirai autant des *puces* (fig. 200), dont les larves se filent une petite coque.

Mais si vous examinez une Sauterelle, les choses seront

Fig. 200. — Métamorphoses de la puce. — A, larve ; B, chrysalide ; C, insecte parfait.

un peu différentes. Vous retrouverez bien les six mues du papillon ; mais il n'y a pas de période de repos complet, de chrysalide immobile. Et puis, les changements ne sont pas aussi brusques, et la sauterelle n'apparaît pas tout à coup, comme le papillon. De l'œuf sort un petit être qui a déjà des pattes et une figure de sauterelle ; à chaque mue il grossit soudain, et se complète un peu :

ses pattes grandissent, ses ailes apparaissent et grandissent ensuite. A la sixième mue il est complet, et vole très bien. Mais il ne s'est pas reposé en route, et, de plus, il mange de l'herbe étant grand comme il le faisait étant petit, en telle sorte qu'il n'y a pas de ce côté grands changements. Aussi dit-on des sauterelles et de tous les insectes qui leur ressemblent, et qui, par opposition aux Coléoptères, ont été nommés les *Orthoptères* (ailes droites, non repliées), qu'ils ont des *métamorphoses incomplètes*.

C'est aussi le cas des Libellules ou Demoiselles, et autres *Névroptères* (ailes ayant des nervures), dont les larves sont aquatiques, tandis que l'insecte parfait est aérien, ce qui n'est pas sans créer de grands dangers à la bestiole quand il s'agit de sortir de l'eau sans s'y noyer. Parmi ces Névroptères il en est un dont vous connaissez bien la larve (fig. 201), qui s'enve-

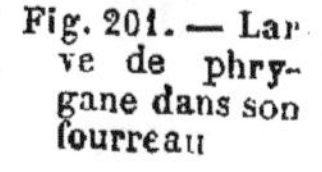

Fig. 201. — Larve de phrygane dans son fourreau

loppe d'un tube formé de petites pierres ou de petits morceaux de bois ; les pêcheurs à la ligne l'appellent *porte-bois*, et ils la recherchent, car ils savent combien les poissons en sont friands. L'insecte parfait est la Phrygane (fig. 202), insecte roussâtre, assez insignifiant.

Il y a aussi des métamorphoses incomplètes chez certains insectes voisins de la mouche et n'ayant comme elle que deux ailes, d'où

Fig. 202. — Métamorphoses des phryganes.

leur nom de *Diptères*. Les Cousins ou moustiques sont dans ce cas ; et leurs larves vivent dans les eaux croupissantes.

Il en est de même des punaises et autres *Hémiptères*.

Au contraire, les abeilles (fig. 243), les guêpes, les fourmis, et les autres *Hyménoptères* (du grec *hymen*, membrane,

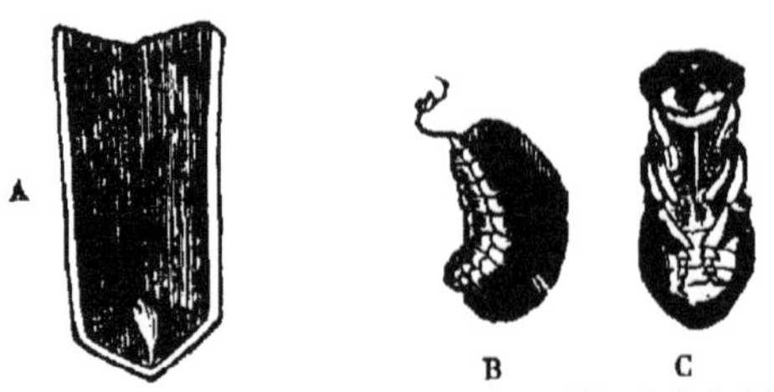

Fig. 203. — OEuf A, larve B, chrysalide C d'abeille.

ailes membraneuses) ont des métamorphoses complètes,
et présentent les trois formes : larve, chrysalide, insecte
parfait (fig. 203).

Vous voyez que l'insecte parfait ne change plus de
orme ni de taille (sauf de très rares exceptions présentées
par quelques espèces de coléoptères). Ainsi, lorsque vous
voyez deux insectes parfaits qui se ressemblent, l'un gros,
l'autre petit, ne croyez pas que celui-ci puisse grandir et
devenir de la même taille que l'autre. Non, c'est une affaire finie ; et d'ailleurs, comment pourrait-il grandir ? Il
a une cuirasse autour du corps, une véritable carapace
dure qui ne lui permettrait pas de grossir. Il lui faudrait
pour cela une nouvelle mue, et il a accompli déjà sa
sixième et dernière.

C'est là un fait général pour tous les animaux qui ont,
comme les insectes, une cuirasse en guise de peau. Voyez
l'écrevisse ou le crabe. Tout d'un coup, il fend sa carapace ; c'est comme s'il éclatait, et il sort flasque, mou,
avec la peau tendre, mais alors capable de grossir en attendant que cette peau s'incruste (d'où le nom de *Crustacé*, encroûté, donné à ces animaux), et devienne dure à
nouveau.

Il n'y a pas que les Batraciens et les Insectes qui présentent des métamorphoses. On en a découvert et chaque jour on en découvre chez d'autres animaux. Je vous étonnerais bien, par exemple, en vous montrant la figure d'une petite langouste qui vient de sortir de l'œuf : jamais vous ne vous douteriez qu'il s'agit de ce beau crustacé, qu'un poète qui n'en avait jamais vu que de tout

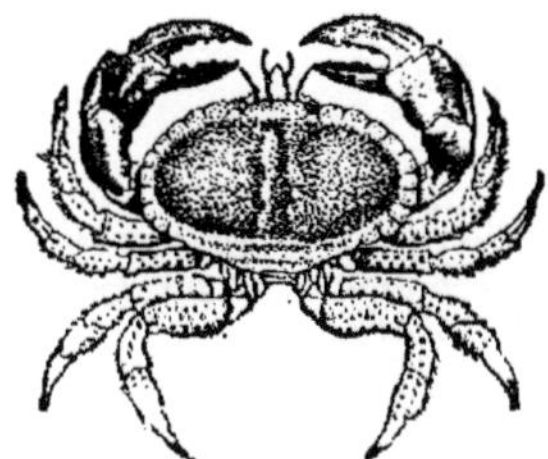

Fig. 204. — Crabe.

Fig. 205. — Larve de crabe.

rouges parce qu'ils étaient cuits appelait le *cardinal des mers*. Et pour les crabes (fig. 204 et 205) la chose est plus extraordinaire encore. A côté de cela, l'écrevisse, toute voisine, n'a pas de métamorphoses.

Mais tout cela nous entraînerait trop loin et finirait par vous fatiguer. Il faut bien laisser quelque chose pour plus tard.

ONZIÈME LEÇON

LA CHASSE. — LA PÊCHE.

Sommaire : La chasse et la pêche sont des procédés barbares. — Chasse avec des pièges, des chiens, des faucons, des armes de jet. — Pêche au harpon, à la ligne, aux filets. — Pisciculture.

Hier, à la promenade, nous avons vu passer un grand troupeau de bœufs et quantité de moutons : des hommes les conduisaient, aidés par des chiens. Pourriez-vous me dire pourquoi on se donne tant de mal à garder, élever, nourrir tous ces animaux? J'en entends un qui répond : pour les avoir toujours sous la main. — Fort bien ; mais dans quel but? — Pour nous en servir ; le bœuf nous donne sa viande qui nous nourrit, le mouton sa laine qui nous vêtit. — Soit, mais pourquoi ne pas les laisser tout simplement s'en aller dans les champs? — Parce qu'il faudrait, quand on en a besoin, courir après, les *chasser*, ce qui serait fatigant, et peut-être même dangereux.

C'est fort bien, mon enfant. Ainsi, on a *domestiqué* (du latin *domus*, maison) les animaux quand on a pu, pour éviter de les chasser, et pour les avoir toujours à sa disposition. C'est un raisonnement qui date de loin, car il y a bien longtemps que les peuples possèdent des animaux domestiques.

Cependant, quand on remonte bien loin dans l'histoire, ou quand on examine les peuples encore sauvages, ou aussi quand on fouille les cavernes où vivait l'homme préhistorique, on reconnaît que l'homme non civilisé ne possède pas d'animaux domestiques, et qu'il n'a ou n'avait pour vivre que les ressources de la chasse et de la pêche.

Vous en concluez, n'est-ce pas, mes enfants, que les peuples vraiment et complètement civilisés devraient avoir renoncé complètement et à la pêche et à la chasse, et réduit en domesticité toutes les espèces animales qui leur peuvent rendre des services.

Or, nous n'en sommes pas là, et il est probable qu'on n en sera jamais là. D'abord il est des espèces utiles qu'il ne serait pas commode de garder à l'écurie. Allez donc domestiquer les baleines et les parquer en troupeaux, parce qu'elles vous donnent de la graisse et des fanons ! Cependant, il faut dire qu'on n'a pas encore fait tout le possible, tant s'en faut, et la preuve, c'est qu'on domestique de temps en temps des espèces nouvelles, comme on le fait depuis quelques années, au Cap, pour les autruches. C'est surtout pour les animaux aquatiques qu'il y a des progrès à faire. La pêche sur nos côtes et dans nos rivières est un procédé vraiment sauvage, destructeur et peu profitable : on la remplacera certainement, avant peu, par la *pisciculture* (culture du poisson, en latin *piscis*), dont je vous parlerai dans un moment.

Maintenant, il faut bien savoir que la chasse a un autre but : nous défendre contre les animaux qui nous nuisent. Leur extinction seule arrêtera cette guerre légitime.

Il y a bien des manières de chasser. On peut prendre les animaux dans des pièges, ou les poursuivre, les lasser, les saisir, avec la complicité d'autres animaux, ou enfin les tuer à l'aide de quelque arme capable de lancer un projectile, javelot, flèche, fronde, et surtout a l'aide des armes à feu.

Les pièges, filets, trappes, ne sont dans nos pays guère

employés que pour prendre les petits oiseaux ou détruire
les petits mammifères désagréables, comme les rats,
loirs, souris, etc. Il faut donner une mention spéciale
au *collet,* arme favorite des braconniers, et qui a fait rendre l'âme à tant de lièvres et de lapins ; puis une autre pour
la *glu,* chasse très originale et très destructive des petits
oiseaux, surtout lorsqu'on les attire à l'aide de l'*appeau.*
Il faut encore faire exception pour les grandes *canar-*
dières, vastes filets en forme de nasse, où, sur les bords de
la Somme et du Rhin, on prend les canards par centaines.

Mais leur importance est réelle en d'autres pays, où
c'est avec des pièges qu'on attrape presque tous les animaux à fourrure ; c'est le plus sûr moyen de ne pas abî-
mer leur peau. Les *trappeurs* de l'Amérique du Nord leur
doivent leur nom ; ils se servent en effet de trappes, de
pièges, surtout pour la chasse des castors (fig. 122), dont
un coup de fusil ferait fuir une colonie entière. Dans tous

Fig. 206. — Piège a tigre

les pays on s'efforce, à l'aide de pièges de diverses formes, de prendre et de détruire les animaux féroces : loups,
ours, et jusqu'au lion et au tigre (fig. 206).

La chasse à l'aide d'autres animaux se fait surtout par

le chien, cousin du chacal et du loup, et qui se réjouit de reprendre au service de son maître son ancien métier. Il est des races de chiens tellement rapides qu'elles peuvent atteindre à la course non seulement nos lièvres, d'où leur nom de *lévriers* (fig. 207), mais la gazelle des plaines africaines.

Mais ces conditions de *forcer* rapide, comme on dit, sont rarement réalisées. La vraie *chasse à courre* emploie à la fois le chien pour poursuivre le gibier (fig. 208), et le cheval pour porter l'homme, et lui permettre d'arriver à temps lorsque la *meute* a fatigué l'animal et d'assister au *hallali* (fig. 209). C'est là plaisir

Fig. 207. — Lévrier.

de grand seigneur, devenu bien rare depuis qu'il faut payer au paysan les récoltes que détruit la courre furieuse *à cor et à cri;* dans le bon temps, on ne s'arrêtait

Fig. 208. — Quête.

pas pour si peu. Cependant on chasse encore à courre dans nos grandes forêts le cerf, le daim, et même le sanglier ; en Angleterre, c'est grande joie que la poursuite d'un malheureux renard. On nomme chiens *courants* ceux qui sont employés à cette chasse, et il en est un grand nombre de races (fig. 210 et 211).

Fig. 209. — Hallali de cerf.

En Perse, on se sert du *guépard* pour une sorte de

Fig. 210. — Chiens de Vendée.

Fig. 211. — Chien d'Artois.

chasse à courre. Un cavalier porte l'animal en croupe,

et lorsque le gibier passe à portée on le lance, et il le rat-
trape en quelques bonds.

Il faut citer enfin le *furet* (fig. 212), petit carnassier à
corps très allongé qu'on introduit dans les terriers de
lapin, d'où il fait fuir le malheureux animal qui se précipite alors dans le filet tendu
à l'entrée de son asile.

On employait jadis, pour
chasser les oiseaux et le petit
gibier, des oiseaux de proie
désignés sous le nom com-
mun de *faucons*. Il y en avait
de grands, avec lesquels on
attaquait le lièvre, le canard,
le héron, et de tout petits
dressés pour chasser le merle,
la caille ou même l'alouette.

Fig. 212. — Chasse au furet.

C'était au moyen âge une grande affaire que la *fau-
connerie*, et le plus grand délassement des seigneurs, incapables de faire autre chose que guerroyer ou chasser.
Elle a à peu près complètement disparu en Europe, mais se
pratique encore en Algérie, où les grands caïds du Sud
chassent au faucon le lièvre, l'outarde et même la gazelle. Les cavaliers arabes se développent en un vaste
demi-cercle, battant la plaine ; au centre, les personnages importants portent chacun sur le poing un faucon à
la tête encapuchonnée. Soudain on aperçoit les gazelles
qui s'enfuient rapidement ; la chasse commence : au galop !
On décapuchonne les faucons qui s'élèvent en l'air en
poussant des cris. Si vite qu'aillent les gazelles, les oiseaux de proie vont plus vite encore ; ils fondent sur
quelque retardataire, se cramponnent sur sa tête et lui
crèvent les yeux à coups de bec ; les Arabes arrivent et
l'achèvent.

La vraie chasse, la chasse régulière, se fait à l'arme de jet. Partout où a pénétré l'arme à feu, on ne se sert guère plus des flèches et javelots. Cependant les Indiens de l'Amérique du Sud font encore volontiers emploi de leurs flèches empoisonnées avec le *curare*, suc de lianes qu'on peut avaler impunément mais qui, introduit sous la peau, est un poison violent. L'usage des armes tenues à la main est encore plus rare. On compte bien en Sibérie quelques chasseurs héroïques qui attaquent et tuent l'ours à coups de couteau. Des Nubiens intrépides osent surprendre l'éléphant par derrière, et lui trancher un jarret d'un coup de sabre, après quoi l'énorme bête, incapable de marcher à trois pattes, est bientôt sacrifiée. Mais ce sont là des exceptions que je vous cite à titre de curiosité , et qui sans doute ne dureront pas long-temps.

La chasse au fusil se fait tantôt à l'*affût* (fig. 213), en

Fig. 213. — Chasse à l'affût des oiseaux de marais.

guettant l'animal à l'un de ses passages habituels ; tantôt en le tirant lorsqu'il a été mis sur pied par des *traqueurs ;* tantôt en le cherchant et le surprenant à l'aide de *chiens*

d'arrêt (fig. 215), singuliers animaux qui, au lieu de se
jeter sur le gibier lorsqu'ils le voient, s'arrêtent en le

Fig. 214. — Chasse de l'alouette au miroir.

Fig. 215. — Chiens d'arrêt
(A, épagneul ; B, braque).

regardant, comme pétrifiés ; tantôt en le faisant poursuivre par des *chiens courants* et l'attendant au passage.

Il y a encore bien d'autres procédés : rien de plus amusant à lire dans les récits des voyageurs. Je ne vous citerai que la chasse *au miroir*, où tous les ans des alouettes
se font tuer par millions.

La pêche ne se fait pas avec des moyens moins variés
que la chasse. Cependant les armes de jet n'y ont pas
grande part. La pêche au fusil est interdite dans nos
cours d'eau. C'est le harpon qui joue le plus grand rôle
dans la pêche des grands poissons. Il est lancé le plus
souvent à la main (fig. 74), quelquefois avec un arc, en
manière de flèche. Ce qui le caractérise, ce sont les den-
telures qui l'empêchent de ressortir du corps de l'animal
et la corde à l'aide de laquelle on le ramène, avec la proie
au bout.

Cette pêche devient surtout fructueuse lorsqu'elle se
fait à l'aide du *feu* qui attire le poisson, et permet de lui

lancer des harpons presque à coup sûr, ou même de le frapper d'une fourche tenue à la main.

La pêche *à la main* (fig. 216), la plus simple de toutes,

Fig. 216. — Pêche à la main.

ne peut permettre que la capture d'assez petits poissons.

On pêche en tous pays avec des hameçons, tantôt placés au bout d'une ligne mobile tenue à la main, *ligne volante* (fig. 217), tantôt restant plus ou moins longtemps

Fig. 217. — Pêche à la ligne volante.

en place, d'où le nom de *ligne dormante* (fig. 218). Ce sont là des instruments d'eau douce. En mer, la ligne est **très**

variée de formes et prend parfois des dimensions gigantesques. C'est à la ligne, par exemple, qu'on pêche les
maquereaux et les *morues*.

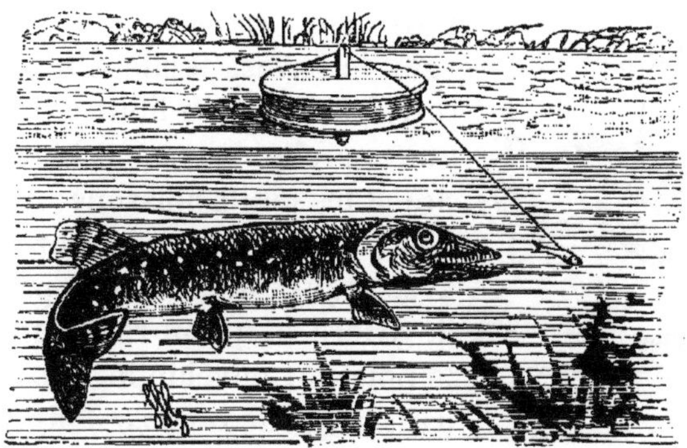

Fig. 218. — Brochet mordant à la ligne dormante de fond.

Comme pièges, je vous rappellerai la *carafe* (fig. 219)
que vous connaissez bien, et avec laquelle vous prenez tant

Fig. 219. — La carafe.

Fig. 220. — Nasse.

de petits poissons; la *nasse* (fig. 220), bien plus importante,
est très employée dans nos eaux douces.

La pêche au *cormoran* (fig. 221), qui se pratique en
Chine, est le pendant de la chasse au faucon. L'oiseau
plongeur est attaché à la patte par une longue corde qui
servira à le ramener; il a au cou un anneau qui l'empê-
chera d'avaler sa proie. Avouez que pour pêcher dans ces
conditions, il faut avoir le caractère bien fait !

Mais le grand instrument de pêche, c'est le *filet*. Il varie extraordinairement de formes et de dimensions, suivant les usages qu'on en attend. Le plus petit est la *trouble*, avec laquelle on cherche sous les racines et au fond des trous d'eau. Puis vient l'*épervier*, qui n'est pas, vous le savez, facile à lancer ; le *carrelet*, porté au bout d'une longue perche, et avec lequel on prend les petits poissons ; le *senne*, filet peu élevé, mais fort long, avec lequel on barre une partie de la rivière et qu'on retire ensuite : le poisson, enveloppé, se réfugie dans la queue ou *bourse* du filet et s'y laisse prendre.

Fig. 221. — Pêche au cormoran (d'après un dessin chinois).

En mer, la pêche la plus commune se fait sur nos côtes à l'aide du *chalut*, grand filet en forme de cône, qu'on descend à une certaine profondeur à l'arrière du navire et que celui-ci traîne, ramenant et engloutissant tout sur son passage.

On prend aussi beaucoup de poissons en tendant à marée basse des filets verticaux soutenus par des piquets. La haute mer les recouvre, les poissons passent par dessus, et restent à sec quand l'eau se retire.

La pêche du *hareng* se fait d'une manière plus simple encore. On tend sur le passage du *banc* de poissons des filets verticaux. Les harengs y passent la tête, se laissent prendre par les ouïes, et on retire les filets chargés, comme lamés d'argent. C'est la même pêche pour la sardine, seulement il faut amorcer de l'autre côté du filet avec une

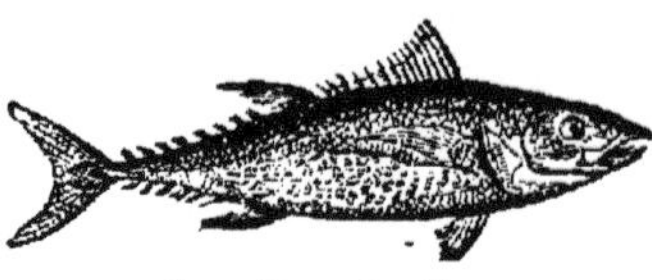

Fig. 222. — Le thon.

substance que les pêcheurs appellent *rogue*, et qui est faite avec les débris de poissons de toutes sortes, et notamment des morues pêchées à Terre-Neuve.

La pêche du thon (fig. 222) dans la Méditerranée met en jeu des moyens d'action bien plus compliqués. C'est la *madrague*, sorte de labyrinthe formé par des filets, et dans lequel on pousse le troupeau des poissons en les effrayant avec des bateaux.

Mais tout cela, je vous le répète, ce sont des procédés barbares, malgré ce qu'ils ont de perfectionné. Passe encore pour les poissons de mer, qu'il sera toujours fort difficile d'élever en captivité en nombre suffisant. Mais pour les poissons d'eau douce, il n'y a pas d'excuses.

Les Chinois sont bien plus sages que nous, à ce point de vue. Au lieu de pêcher à l'aveugle dans leurs rivières, ils établissent des canaux où ils nourrissent et engraissent les poissons comme nous faisons de nos volailles; puis, ils pêchent à coup sûr quand le moment est venu.

Nous n'avons guère en Europe qu'un seul endroit où se fasse quelque chose d'analogue; c'est à Comacchio, sur l'Adriatique. Là, dans de vastes lagunes, montent chaque année de la mer les petites anguilles, guère plus longues qu'une grosse épingle. On les parque, on les

Fig. 223. — Ponte artificielle.

Fig. 224. — Pisciculture.

nourrit, et tous les ans on les fait passer d'un comparti- ment à l'autre. A la dernière année, on les pêche pour les vendre ne laissant aller à la mer qu'un nombre suffisant pour que leur ponte alimente la rentrée de l'année suivante.

On a établi aussi, à Concarneau (Finistère), de vastes réservoirs où l'on dépose de petits poissons et de petits homards qui y grandissent et qu'on pêche alors à volonté.

Mais cela ne suffit pas, et il faudra en venir à la vraie *pisciculture*. On ne l'a guère faite jusqu'à aujourd'hui que pour le saumon et quelques espèces de truites. Il faudra qu'on la pratique pour d'autres poissons.

Voici en quoi elle consiste actuellement. On fait pondre un saumon en lui pressant sur le ventre (fig. 223). On dispose les œufs sur des claies, dans un courant d'eau (fig. 224). Les petits éclos sont mis à part et nourris avec du sang desséché (fig. 225). Quand ils ont la longueur du doigt, on les porte à la rivière où ils continuent à grandir et se comportent ensuite comme s'ils y étaient nés. On peut mettre les truites dans les lacs et elles s'y trouvent très bien.

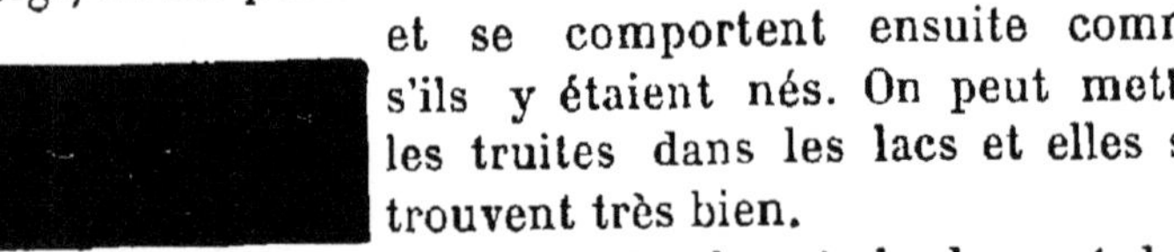

Fig. 225.— Saumon venant d'éclore.

Mais tout cela est absolument dans l'enfance, et même, il faut bien l'avouer, la pisciculture a été compromise par des amis maladroits, et des tentatives tout à fait inconsidérées.

DOUZIÈME LEÇON

SOMMAIRE : Animaux domestiques *auxiliaires :* chien, cheval, etc. — Animaux *alimentaires :* bœuf, mouton, etc. Le cuir, la colle, le noir animal. — Oiseaux domestiques. — Insectes domestiques : abeille, ver à soie. — Animaux domestiques d'Asie, d'Afrique, d'Amérique. — Illusions sur *l'acclimatation.*

Les animaux que nous pêchons et que nous chassons sont ceux que nous n'avons pas su domestiquer. Et cependant le nombre de ceux-ci est grand déjà.

Et d'abord, il faut bien distinguer les animaux *domestiques* d'avec ceux qui sont simplement *apprivoisés.* C'est une grande joie pour vous quand vous pouvez attraper quelque moineau, et le prendre en cage. S'il est jeune, vous arrivez assez vite à le dresser, à l'apprivoiser ; il se laisse prendre à la main ; quelquefois même il vient quand on l'appelle. Ainsi fait-on avec des pies, des corbeaux, et aussi des renards, des chevreuils, des sangliers. Ce sont là des animaux apprivoisés seulement. On appelle domestiques ceux qu'on a si bien vaincus et domptés que l'espèce entière vit autour de l'homme, lui rendant des services variés, et s'étant quelquefois tellement modifiée qu'elle ne saurait plus vivre libre. Les moutons ne savent plus courir, les poules ne savent plus voler, et si on les lâchait dans un bois, loups et renards en auraient bientôt raison.

Ceci dit, regardons autour de nous, et passons en revue nos animaux domestiques.

8.

En tête et avant tous, il faut placer le *chien* ; il est presque de la famille, celui dont le célèbre dessinateur Charlet a dit : « Ce qu'il y a de mieux dans l'homme, c'est le chien ! » Je crois qu'il exagérait un peu. Mais enfin, que de services ne nous rend-il pas ! Gardien de la maison, protecteur du troupeau, défenseur contre les bêtes féroces, auxiliaire précieux et presque indispensable à la chasse. En faisant tout cela, il ne sort pas de son rôle de vigoureux carnassier. Nous lui avons demandé davantage : les Esquimaux l'attellent à leur traîneau, et nous-mêmes, peuples civilisés, nous l'avons employé à des usages industriels : on a vu des chiens tourner la roue du tournebroche, la meule du rémouleur, tirer de petites voitures ; on en a chargé de faire marcher des machines à coudre (fig. 226).

Fig. 226. — Chien faisant mouvoir une machine à coudre.

Fig. 227. — Chien savant.

C'est de beaucoup le plus intelligent de nos animaux domestiques. Qui n'a vu des chiens savants (fig. **227**), faiseurs de cabrioles et de tours sur les places publiques ? Qui n'a entendu parler de chiens mathématiciens et joueurs de dominos ? Mais, si intelligent qu'il soit, le chien est bien dépassé par l'orang-outang, le chimpanzé ou le gorille. Ce que font les *chiens de génie*, qu'on se montre avec surprise et admiration, le premier chimpanzé venu le fait dans les ménageries.

Il est peut-être encore mieux doué du côté du cœur que du côté de l'intelligence : bon, affectueux, dévoué, il sait se faire tuer en défendant son maître, ou mourir de chagrin sur sa tombe.

Partout il a suivi l'homme : Européens, Asiatiques, Africains, Australiens, le possèdent. Mais l'Amérique ne le connaissait pas avant la conquête : il y est aujourd'hui partout répandu, et sur quelques points revenu à l'état sauvage.

Je vous ai dit « le chien », j'aurais dû dire «les chiens »,

Fig. 228. — Chenil de chiens courants.

car il n'y a rien de plus varié par la forme, la taille, les instincts que les *races canines :* elles sont encore plus nombreuses que les races humaines. Nous possédons en France le chien de berger, le dogue, le boule-dogue, le carlin, le lou-lou, le lévrier, la levrette, le chien-courant (fig. 228), le braque, l'épagneul, le terre-neuve, le griffon

le terrier, le basset à jambes droites et le basset à jambes
torses, que sais-je? Sans compter une multitude de sous-
races auxquelles les connaisseurs ont donné des noms.

Les chiens des peuples moins civilisés se rapprochent
presque tous du lévrier, du lou-lou et du chien de berger : ils ont le nez pointu et les oreilles droites.

D'où vient le chien ? Personne ne pourrait répondre à
cette question. Ou bien les espèces sauvages d'où il provient ont été entièrement domestiquées, et il n'a plus de
cousins libres. Ou bien il a été tellement modifié par la
civilisation qu'on ne saurait le reconnaître dans ses parents sauvages qui ont conservé le type primitif. Il était
vraisemblablement très voisin des chacals, qui du reste,
s'apprivoisent avec une grande facilité.

Le *chat*, qui vit à côté du chien dans nos demeures, a
conservé des habitudes d'indépendance beaucoup plus
grandes. Notre chat à poils ras descend du chat sauvage
de nos forêts.

Comme animaux que l'homme a domestiqués pour
mettre à son service leurs instincts et leur intelligence, je
n'ai plus guère à vous citer dans ce pays que le *furet*,
chasseur de lapins.

Après les animaux utiles par leur intelligence, voyons
ceux qui le sont par leur force. Voici le *cheval* et l'*âne*, et
leur enfant croisé, le *mulet*. Belle et bonne bête, que le
cheval, qui nous porte sur son dos, nous traîne en voiture et transporte nos matériaux, nos denrées ; qui sait
aller au *pas*, au *trot*, à l'*amble*, au *galop* (fig. 229), suivant
qu'on lui commande. Il en existe de nombreuses variétés ;
que de différence entre nos gros chevaux lourds, traînant
de pesants fardeaux (fig. 231), les chevaux arabes (fig. 230)
ou anglais si rapides à la course, les tout petits po-
neys de la Corse ou des Shetland, le cheval laineux des
Baskirs, etc. !

L'*âne*, s'il est moins beau, moins vigoureux, moins rapide que le cheval, n'est pas moins intéressant, et est

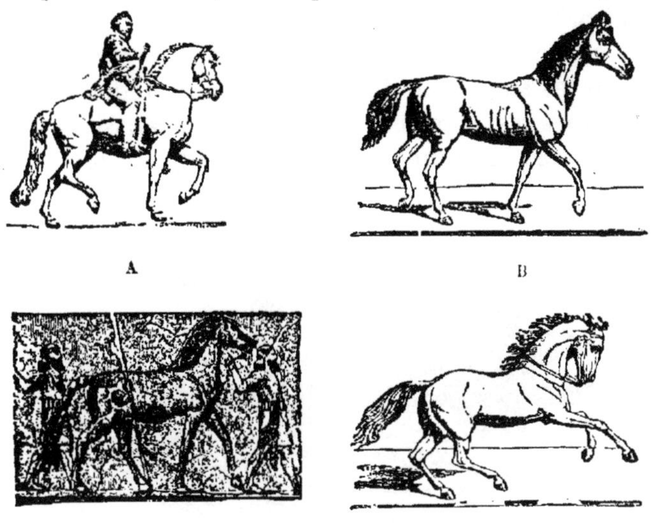

Fig. 229. — Le cheval : A, au pas ; B, au trot (statue de Henri IV) ; C, à l'amble,
d'après un bas-relief assyrien (British Museum); D, au galop.

beaucoup plus intelligent. Il ne faut pas juger de l'âne

Fig. 230. — Cheval arabe.

par les pauvres animaux que nous voyons trop souvent si

maltraités et si mal nourris ; en Syrie, où on le soigne, l'âne est un bel et fort animal, que les guerriers ne dédaignent pas de monter.

L'âne est originaire de l'Asie orientale. On retrouve encore, dans les steppes de l'Iran et du Touran, des *onagres* ou ânes sauvages. Dans ces contrées vivent aussi des espèces voisines comme *l'hémione*, *l'hémippe*, que vous

Fig. 231. — Cheval boulonnais.

verrez dans les ménageries, et qu'on a essayé sans succès de domestiquer.

Quant au cheval, il a aussi été capturé dans les plaines asiatiques ; aussi maintes peuplades d'Asie, depuis les Arabes jusqu'aux Turcomans, passent la moitié de leur vie à cheval. Les races qui ont envahi notre sol il y a environ 4000 ans l'ont amené avec elles en Europe. Mais il s'y trouvait déjà un cheval sauvage, que les premiers habitants de nos pays utilisaient, sinon comme bête de somme, du moins comme gibier. Et cela, en telle quantité qu'à Solutré (Saône-et-Loire), on a retrouvé une sorte de rempart bâti dans les temps préhistoriques avec des os de chevaux, chevaux dont on n'a pas estimé le nombre à moins d'une dizaine de mille.

A côté du cheval et de l'âne, qui nous donnent le secours de leurs forces, vivent de braves bêtes que nous élevons particulièrement pour avoir leur viande et en faire des *animaux de boucherie :* les principaux sont le *bœuf*, le *mouton*, le *porc*.

Ce n'est pas à dire qu'on ne puisse manger le cheval. Tant s'en faut ! C'était une nourriture très recherchée des Gaulois et des Germains, et que les évêques chrétiens ont interdite. Il en est résulté un préjugé qu'on aura bien de la peine à vaincre, ce qui cause la perte d'une masse de viande très bonne et très nourrissante. Cependant, on commence à réagir, et en 1874 les *boucheries de chevau* ont vendu à Paris 7184 chevaux, ânes et mulets.

Mais ce n'est rien à côté de ce qu'il se mange de viande de bœuf. Voilà une brave bête, et qui nous rend des services ! Et je veux parler à la fois du bœuf proprement dit et du buffle du midi de l'Europe. Que ferions-nous, sans l'espèce *bovine ?*

Pendant la vie, nous buvons son lait, ou nous en fabriquons crème, beurre, fromages, et nous utilisons quelquefois sa force, en l'attelant à des voitures ou à la charrue. Il nous fournit du fumier, avec lequel nous faisons pousser la betterave qui donne le sucre, la vigne qui donne le vin, les céréales qui nous nourrissent, les herbes qui, à leur tour, nourrissent le bœuf qui les a aidées à prospérer.

Après sa mort, nous mangeons sa viande, nous *tannons* sa peau, nous sculptons et fondons la corne de ses pieds et de son front ; avec ses os nous faisons la *colle* et le *noir animal ;* de ses os encore, nous retirons le *phosphore.*

Ce n'est pas qu'il soit tout seul à nous fournir ces dernières substances. On tanne aussi la peau du cheval, et celle du mouton, et celle même du chien ; les *sabots* et les os du cheval sont aussi utilisés pour fabriquer la colle et le noir animal, et aussi, les os de tous les animaux qu'on peut se procurer et qu'il vaut mieux porter à l'usine que de laisser perdre. Cela se comprend, puisqu'il s'agit là d'opérations toutes semblables quelle que soit l'espèce animale. Disons-en deux mots, puisque l'occasion s'en présente.

Si vous mettez dans l'eau un morceau de peau, vous le verrez bientôt gonfler, se ramollir, pourrir et s'en aller en lambeaux ; si vous l'exposez en plein soleil, il sèche, se raccornit et devient presque transparent. Mais quand on a tanné cette peau, elle ne pourrit plus, ne se dessèche plus, et peut être utilisée pour maints usages que vous connaissez : elle est devenue du *cuir*.

On appelle *tan* l'écorce du chêne, du bouleau ou d'autres arbres, réduite en poudre ; cette écorce contient une matière que les chimistes ont appelée l'*acide tannique*, et qui, lorsqu'elle est unie aux matières animales, leur donne la propriété de ne plus se dissoudre dans l'eau, et de résister à la putréfaction. Pour tanner les peaux, on les laisse simplement, pendant plusieurs mois, en contact avec du tan appliqué sur la face qui adhérait au corps.

La *colle* ou *gélatine* se fait avec les os et quelques autres débris. Sa fabrication va nous apprendre quelque chose d'utile à connaître. Voici un os : vous voyez comme il est dur et cassant. Je le mets sur le feu : il brûle en laissant échapper une épaisse fumée. Mais il faut ouvrir la fenêtre, car il répand une odeur infecte. Maintenant c'est fini ; il ne brûle plus, et, chose curieuse, il a à peine changé de forme. Mais il est devenu tout blanc, et si nous le prenons entre les doigts sans précautions, il va se briser en morceaux, se mettre en poussière.

Voici un autre os, tout semblable, que hier j'ai mis dans du vinaigre. Il a commencé par laisser échapper de nombreuses bulles d'air, tout comme fait ce morceau de craie

que je jette à côté de lui (fig. 232). Puis cela s'est calmé,
et notre os est là, avec sa forme primitive. Mais si nous le
prenons, nous voyons qu'il est devenu souple, élastique,
comme le cartilage qui, je vous l'ai
dit il y a quelques jours, formait
à lui seul l'os dans le jeune âge.
Si nous en mettons un morceau
sur le feu, il brûle entièrement,
presque sans laisser de cendres.

Un os complet est donc formé
en réalité de deux matières, unies
l'une à l'autre : une matière *organique*, comme disent les savants,
que le feu détruit et que le vinaigre respecte ; une matière pier-
reuse *minérale*, que le feu respecte
et que le vinaigre dissout.

Fig.232. — Craie et vinaigre.

La colle se fait avec la matière
organique. On peut aussi l'extraire en faisant longtemps
bouillir les os; la colle finit par quitter la matière pier-
reuse et se dissoudre dans l'eau.

Quant au *noir animal*, c'est tout simplement du charbon extrait du corps des animaux. Cela vous étonne,
n'est-ce pas? Du charbon tiré d'un animal! Du charbon
de bœuf, de cheval. Oui, et aussi de souris, de moineau,
de papillon, de ver de terre ! Vous croyiez qu'il s'en trouvait
seulement chez les végétaux et aussi en terre, là où d'anciens végétaux ont été accumulés pendant des myriades
de siècles.

Mais, mes enfants, comment savez-vous qu'il y a du
charbon dans les végétaux? Voici une feuille verte, un
géranium rouge, un lys tout blanc, un morceau de sucre,
qui vient d'un végétal; qui dirait qu'il y a en eux du
charbon, une vilaine matière toute noire, qui tache les

doigts? Vous ne vous en seriez jamais doutés, si vous ne les aviez vus brûler lentement dans le feu.

Il en est de même pour les animaux : en les brûlant avec précaution, à l'étouffée, un peu comme font dans nos bois les charbonniers, on en extrait le charbon qu'ils contiennent, et qui est identique à celui qu'on tire des végétaux. C'est du *carbone*, comme disent les chimistes, ce même carbone qui se trouve dans nos crayons, ce même carbone qui forme le diamant. — Le diamant? — Oui, le diamant, si transparent, si brillant. On vous expliquera cela plus tard, et vous verrez que la chimie a du bon, et est bien amusante.

Ainsi tous les êtres vivants, animaux ou végétaux, contiennent du charbon, du carbone. Les animaux le prennent aux végétaux dont ils se nourrissent, soit directement, comme les herbivores, soit indirectement et de seconde main ou mieux de second estomac, comme les carnivores. Mais les végétaux, où le prennent-ils? Dans l'air. Ah! c'est cela qui est curieux, n'est-ce pas? Du charbon dans l'air! — Ça n'est pas possible, dites-vous : s'il y en avait, nous le verrions, noir comme il est. — Si, il y en a, et qui plus est, c'est vous, moi, le chien, le chat, le canard, le limaçon, le poisson, tous les animaux, en un mot, qui l'y ont mis! Et aussi le feu de la cheminée, et la flamme de la lampe. Il est là, invisible, parce qu'il s'est transformé en un gaz transparent, l'*acide carbonique*. Et là, les végétaux le reprennent. C'est ainsi qu'il va du végétal à l'animal par l'estomac, de l'animal au végétal par l'air, tournant ainsi sans jamais se perdre ni s'arrêter.

Mais il faudrait nous arrêter, nous. Car, d'abord, ce que je vous ai dit était si difficile à découvrir qu'on ne le connaît que depuis moins de cent ans. Et puis, avouez que nous avons bien couru à travers champs, et que nous voici loin du bœuf et de la vache! Mais le principal est de s'instruire en tâchant de ne pas s'ennuyer.

Revenons donc au bœuf. D'où est-il originaire, lui?
Incontestablement d'un bœuf sauvage qui habitait les
forêts d'Europe et dont il existait encore des individus
vivants en France au temps de Charlemagne. Mais les
peuples venus d'Orient qui ont envahi ce pays amenè-
rent avec eux des bœufs issus sans doute d'autres bœufs
sauvages. Tout cela s'est mêlé, et il en est résulté des
races très variées que les *éleveurs* multiplient et perfec-
tionnent tous les jours. Du terrible bœuf sauvage, en apparence indomptable, maigre, aux gros os et aux fortes
cornes, on a fait des animaux surchargés de graisse,
aux cornes réduites ou nulles, aux os grêles, et qui seraient incapables de vivre libres à l'état sauvage (fig. 233).

Fig. 233. — Bœuf charolais

Les mêmes remarques s'appliquent au mouton et
au porc. L'origine du premier n'est pas nettement déterminée. Le second a sans nul doute les mêmes ancêtres
que les sangliers qui peuplent encore nos forêts. Mais
tout cela s'est bien modifié, et les arrière-grands'mamans,
si elles revenaient au monde, auraient bien de la peine à
reconnaître leurs descendants.

Quelle différence entre l'agile *mouflon* (fig. 143) qui dans
nos Alpes bondit de roc en roc, et l'honnête petit mouton que chacun de vous, enfants, atteint aisément à la
course. Différence plus grande encore, peut-être, entre
l'infatigable et robuste sanglier et nos porcs surchar-

gés de graisse à n'en plus pouvoir marcher (fig. 234) !

Du mouton nous utilisons la viande, la graisse (suif), et la laine ; du porc, la viande, dont il faut bien se méfier, car elle renferme parfois de petits animaux parasites qui peuvent vivre en nous et nous rendre bien malades

Fig. 234. — Porc.

ou même nous faire mourir. Certaines races de moutons, les *mérinos* (fig. 235) particulièrement, ont une laine magnifique de longueur et de finesse. Cette laine, tondue, lavée (fig. 236), blanchie, sert, comme vous le savez tous, au tissage des étoffes.

Fig. — 235. Mouton mérinos.

Si à ces animaux nous ajoutons le *buffle*, la *chèvre*, le *lapin*, et si vous voulez, le *cochon d'Inde* (fig. 237), nous en aurons fini avec les Mammifères domestiques de nos pays. Le buffle a été importé d'Asie dans le sud de l'Europe au moyen âge. La chèvre paraît aussi être venue, mais

Fig. 236. — Lavage de la laine.

plus anciennement, d'Asie. Le lapin a encore en ce

pays des parents sauvages. Le cochon d'Inde n'est pas un cochon, tant s'en faut, et ne vient pas de l'Inde, mais de l'Amérique du Sud.

En Europe, nous n'avons plus à ajouter à la liste des animaux domestiques que le *renne* (fig. 78) dont nous avons

Fig. 237. — Cochon d'Inde.

Fig. 238. — Rennes attelés à un traineau.

déjà parlé, qui tire les traîneaux des Esquimaux (fig. 238), et dont ces peuplades utilisent, outre les forces, la viande, le lait, la peau.

Les Oiseaux domestiques présentent moins d'inté-

Fig. 239. — Une basse-cour.

rêt, à l'exception du canard et de la poule, qui jouent un rôle important dans l'alimentation (fig. 239).

Le *canard*, l'*oie* et le *cygne* sont originaires des régions du Nord, et tous les ans, à l'hiver, leurs parents sauvages viennent visiter nos régions. Parfois même ils les débauchent, et les décident à quitter la ferme pour une vie errante. Hormis le cygne, qui n'est qu'un objet d'ornement, le canard et l'oie nous donnent leur viande et leurs plumes.

Le *pigeon* est un naturel de nos pays, et le *biset*, son ancêtre, n'est pas rare dans nos forêts ; mais il ne faut pas le confondre avec le *ramier*, qui en est fort différent.

La *pintade* (fig. 240), les *faisans* (ordinaire (fig. 241),

Fig. 240. — Pintade.

Fig. 241. — Faisan ordinaire.

argenté, doré), le *paon*, viennent d'Asie, et ne sont pas à dédaigner ; leur introduction en Europe est assez ancienne : le paon fut rapporté de l'Inde par Alexandre le Macédonien. Le *dindon*, plus intéressant, est au contraire d'importation assez récente, du xvie siècle seulement ; cela se comprend, puisqu'il est originaire de l'Amérique du Nord.

Enfin parlons de la *poule* (fig. 242), le mieux et le plus sûrement domestiqué des oiseaux, dont nous possédons des races si nombreuses, dont la viande et les œufs sont de telle ressource. On la dit originaire de l'Inde ; mais elle est introduite en Europe depuis un temps quasi immémorial.

Nous avons le droit de compter parmi les animaux

Fig. 242. — Coqs (A, coq et poule Bentham ; B, coq cochinchinois ; C coq de Padoue ; D, coq de Crèvecœur).

domestiques l'*abeille*, que nous avons presque com-

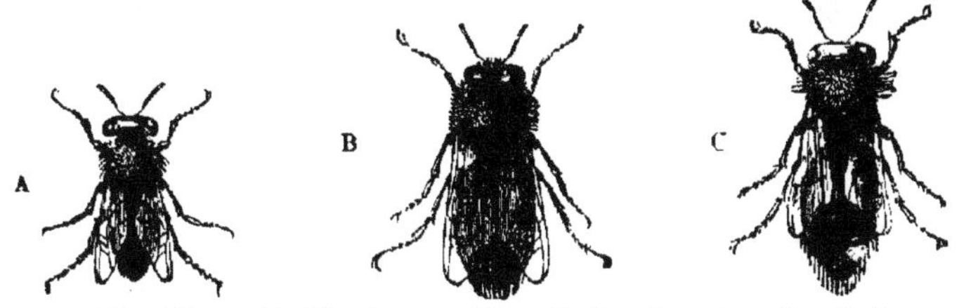

Fig. 243. — Abeilles (A, ouvrière ; B, faux-bourdon ; C, reine).

plètement enlevée à l'état sauvage, et le *ver à soie*, que

les Chinois exploitaient depuis bien longtemps déjà lorsqu'il fut apporté en Europe au VIe siècle.

Nous élevons les abeilles dans des paniers ou des boîtes de formes très variables qu'on appelle des *ruches*. Là vivent en colonies ces curieux insectes (fig. 243). Sur les vingt ou trente mille individus qui composent chacune d'elles, l'immense majorité travaille et mérite le nom d'*ouvrières*; à côté d'elles quelques centaines de mâles fainéants nommés *faux-bourdons*, et une seule femelle ou *reine*, qui n'a d'autre fonction que de pondre.

Parmi les ouvrières, la plupart s'en vont au dehors, butiner sur les fleurs; elles s'y nourrissent de liquides sucrés, et y récoltent des matières diverses qu'elles attachent aux brosses dont sont munies leurs pattes postérieures; avec tout cela elles feront de la *cire* et du *miel*. La

Fig. 244. — Alvéoles.

Fig. 245. — Disposition
des gâteaux.

cire, elles la disposent en *alvéoles* (fig. 244) très régulières ayant chacune six pans et réunies en *gâteaux* (fig. 245). De ces alvéoles les unes sont remplies de miel, les autres sont vides, et la reine pond un œuf dans chacune de ces dernières.

Elle en pond ainsi successivement une dizaine de mille. De chacun d'eux sort un petit ver, que des ouvrières spéciales, de vraies *nourrices*, élèvent avec le plus grand soin. Suivant la nourriture qu'elles leur donnent, suivant la grandeur de l'alvéole où elles l'élèvent, elles font de cette petite larve, de cette future abeille, une *ouvrière* ou une *reine :* une reine est donc simplement une ouvrière mieux nourrie et tout à fait développée.

Il nous faudrait toute une leçon pour raconter l'histoire compliquée d'une ruche d'abeilles, et les soins donnés à la reine, et les combats des jeunes reines lorsqu'elles sont plusieurs, et la colère de la vieille reine s'échappant avec ses fidèles serviteurs pour *essaimer*, comme on dit, c'est-à-dire fonder une colonie nouvelle.

Il sera plus commode et plus intéressant de causer de cela quand nous irons voir Jacques, l'éleveur d'abeilles.

Il endormira les abeilles d'une ruche (fig. 246) à l'aide

Fig. 246. — Ruches.

du tabac, soulèvera le panier, et nous montrera tous les gâteaux disposés en rayons et chargés de miel. Il nous expliquera comment, à des époques fixes, on peut enlever sans inconvénients pour l'essaim une partie de ces gâteaux, et comment on en extrait et la cire et le miel.

9.

Le *ver à soie* vous est bien connu : quel est celui d'entre vous qui n'en a élevé ? Vous connaissez toutes les phases de son existence : l'œuf, la chenille, les quatre mues, le cocon et la chrysalide, le papillon, puis l'œuf encore, et ainsi de suite.

On ne peut élever industriellement le ver à soie que dans le midi de la France et de l'Europe. Là, c'est une grande source de richesse. Des mûriers y sont plantés par champs, et les *magnaneries* (on appelle dans le midi les vers des *magnans*) occupent beaucoup de monde. Ce n'est pas une petite affaire que de nourrir ces vers qui mangent extraordinairement, que de les tenir propres, les surveiller lorsqu'ils vont filer, puis de détacher les cocons, les jeter dans l'eau bouillante pour les conserver et plus tard les dévider à l'air.

Chaque cocon (fig. 247) donne jusqu'à six ou sept cents mètres de soie ; et une once d'œufs de ver à soie fournit fréquemment plus de cent livres de cocon.

F g. 247. — Cocon de ver à soie.

Ces vers à soie sont souvent atteints d'une terrible maladie, la *pébrine* , due au développement dans leur corps d'une masse de petits êtres microscopiques. On sait aujourd'hui comment se mettre à l'abri de ce terrible ennemi, et les études des naturalistes ont permis de triompher complètement du fléau.

De l'Europe, passons à l'Asie.

Ici, nous retrouvons le chien, le chat, le cheval, l'âne, le bœuf, le buffle, le mouton, la chèvre, la poule, et souvent aussi des races particulières. C'est ainsi qu'il faut signaler dans l'Inde des espèces de bœufs ayant sur le dos une bosse charnue, qu'on appelle des *zé-*

bus (fig. 248); et aussi, dans les montagnes de l'Himalaya, la belle variété des *chèvres de Cachemire* (fig. 249), à la longue et admirable laine.

En fait d'animal bossu, la palme revient au vrai cha-

Fig. 248. — Zébu.

Fig. 249. — Chèvre de Cachemire.

meau, au *chameau à deux bosses* (fig. 250). Il rend dans les déserts d'Asie les mêmes services que dans les déserts d'Afrique son proche parent le chameau à une bosse, ou *dromadaire*, dont je vous dirai quelques mots tout à l'heure.

Les montagnards de l'Himalaya utilisent une sorte de bœuf, le *yack* (fig. 251), dont ils se servent comme de bête de somme et de bête de boucherie, et dont ils tissent la laine ; c'est avec sa queue que les Turcs ornent les bannières de leurs pachas. Mais quand on veut faire tous les métiers à la

Fig. 250. — Chameau.

fois, on n'en fait aucun bien : c'est le cas du yack.

L'animal domestique le plus remarquable de l'Asie, c'est l'*éléphant*. Extraordinairement fort et intelligent comme il l'est, on l'emploie à toutes sortes d'usages. Vous

en pourrez lire les merveilleuses histoires dans les récits
des voyageurs. Défricher à l'aide d'énormes charrues,

Fig. 251. — Yack.

transporter sur son
dos des hommes,
des fardeaux écra-
sants, des canons
(fig. 252), déplacer
d'énormes pièces de
bois, aider et défen-
dre les chasseurs au
tigre (fig. 3), captu-
rer et dompter ses
frères sauvages, il
sait tout faire, même être exécuteur des hautes-œuvres,
même se faire adorer comme un dieu.

Et, chose curieuse, à vrai dire, cet animal si utile n'est

Fig. 252. — Éléphants attelés à un canon.

pas domestiqué. Il ne naît pas en captivité. Il faut aller
le chercher dans les forêts de l'Inde et de Ceylan, l'attirer
dans des pièges, l'y enfermer, puis l'y réduire à la doci-
lité. Et tout cela, vous pensez bien, ne doit pas être
commode, étant données sa force et son intelligence.

Les Indiens en sont pourtant venus à bout de temps
immémorial, et les armées asiatiques, même les armées
européennes de l'antiquité se servaient d'éléphants de
combat.

Les Africains modernes n'ont pas eu l'habileté de tirer le même parti de l'éléphant de leurs forêts. Cependant il est certain qu'ils ne sont pas plus difficiles à dompter que leurs cousins d'Asie. Du reste, aux temps anciens, les Carthaginois s'en servaient à la guerre ; bien mieux, les bateleurs romains leur apprenaient mille tours, comme de marcher sur la corde, danser en mesure, manger à table, etc. Aujourd'hui les nègres ne savent que les chasser pour avoir leurs longues incisives, lesquelles fournissent l'ivoire ; on voit de ces dents monstrueuses qui pèsent 150 livres.

Des chiens, des buffles, des moutons, des chèvres, des poules, voilà encore les animaux domestiques de l'Afrique. Mais il faut faire une place à part au *dromadaire* (fig. 101), que les services qu'il rend ont fait baptiser du nom légendaire de *vaisseau du désert*. L'habitant du Sahara se fait porter par lui au travers du désert, où il peut rester quatre ou cinq jours sans boire. Ses pieds qui n'ont pas de *sabots*, comme ceux des autres mammifères aux pieds fourchus, mais une sorte de large et épaisse semelle molle, n'entrent pas dans le sable. La chamelle fournit à son maître du lait très estimé ; et de l'animal mort on utilise la chair et particulièrement la bosse, énorme masse de graisse savoureuse très prisée des Africains.

Avant la conquête européenne, les Américains ne possédaient pour ainsi dire pas d'animaux domestiques. Ni chiens, ni bœufs, ni moutons, ni porcs, ni chevaux. Aucun de ces animaux ne fait partie de la *faune* américaine. Tous ont été amenés par les Espagnols, et ont si bien prospéré, qu'un grand nombre sont retournés à l'état sauvage, et qu'on les trouve en grands troupeaux errants, surtout dans les savanes de l'Amérique du Sud.

Seuls les habitants de la Cordillère des Andes avaient domestiqué un animal originaire de leur pays, le *lama* (fig. 253). C'est, comme je vous l'ai déjà dit, une sorte de petit chameau sans bosse qui a, sauf la force, les qualités et les défauts de son grand cousin. On en fait une bête de somme, on le mange, et l'on tisse des étoffes avec son poil. Mais il faut reprendre ici l'observation faite

Fig. 253. — Lama.

pour le yack. En toutes ces fonctions diverses, le lama ne peut soutenir la concurrence des animaux d'Europe, qui sont des spécialités. Comme force, il cède le pas au cheval et même au mulet ; comme viande , il est beaucoup au-dessous du bœuf; et sa laine ne peut se comparer à celle du mouton : qui trop embrasse mal étreint. Aussi diminue-t-il beaucoup, et même aurait-il déjà disparu, s'il n'avait cette qualité particulière de résister mieux que le cheval et le mulet au froid et à l'air raréfié des hautes régions de la Cordillère.

En Australie, enfin, le seul animal domestique est le chien, chien à moitié sauvage, et qui vit presque autant de sa chasse que de sa situation sociale.

Vous voyez que l'homme, sur toute la surface du globe, n'a domestiqué en somme que 18 mammifères, 9 oiseaux et 2 insectes. C'est bien peu de chose, quand on songe qu'il y a des milliers d'espèces animales.

Fera-t-on davantage? Domestiquera-t-on des espèces qui puissent rendre de grands services? Cela est peu probable. On connaît aujourd'hui tous les grands mammifères, et l'on n'en voit aucun qui pourra l'emporter sur le cheval comme force et vitesse, sur le bœuf comme producteur de viande, sur le mouton comme fabricant de laine.

Mais l'utilité n'est pas tout en ce monde, et la variété

est bien à considérer. Il est certain que nous pourrions parfaitement vivre sans dindons ; mais enfin, le dindon n'est pas à dédaigner, et, sans être bien gourmand, on se réjouit de cette domestication. On pourra très probablement, dans ces limites et dans ce but, augmenter avec avantage le nombre de nos animaux domestiques. C'est ainsi qu'on a parlé dans ces derniers temps d'introduire dans nos basses-cours le *hocco* (fig. 254), de la taille du dindon, originaire de l'Amérique du sud. On pourrait peut-être, avec de la patience, domestiquer notre grande *outarde*, superbe oiseau, plus gros encore, et qui disparaît devant les progrès de la culture.

Dans le domaine de l'agrément pur, on pourra faire bien davantage. J'aurais pu vous parler du *serin* des Ca-

Fig. 254. — Hocco.

naries, parmi les animaux domestiques, car il en a le double caractère, de pondre en captivité, et de s'être très modifié par rapport à son état sauvage, où il est de couleur verdâtre. Bien des perroquets, des perruches, des oiseaux de toute sorte pourront venir, avec des soins et du temps, orner nos volières.

Mais il ne faut pas s'illusionner comme on l'a fait, en croyant qu'on *acclimaterait* chez nous des animaux sauvages ou domestiques d'autres pays, et cela avec de grands avantages. A quoi nous serviraient le lama ou le yack dont on a peuplé nos ménageries, alors qu'ils sont remplacés dans leur propre pays par nos animaux domestiques d'Europe ?

Ce qu'on a peut-être fait de mieux, comme domestication récente, c'est celle de l'*autruche*. Ce pauvre oiseau

poursuivi pour ses plumes, pour ses œufs, se faisait
de plus en plus rare, et le prix de ces denrées de luxe
augmentait. On a eu l'idée d'en élever (fig. 255) en capti-

Fig. 255. — Autruches élevées en domesticité.

vité ; elles y pondent parfaitement ; au lieu de les tuer, on
les plume avec soin et régulièrement, et cette spécula-
tion, faite au Cap de Bonne-Espérance, a donné de très
bons résultats.

Mais on voit que tout cela n'est guère important. N'est-
il pas admirable que, presque dès le début des temps his-
toriques, nos ancêtres aient su reconnaître et domestiquer tous les animaux qui peuvent réellement rendre de
grands services à l'humanité?

TREIZIÈME LEÇON

LES ANIMAUX NUISIBLES.

Sommaire : Difficulté de savoir si un animal est nuisible. — Animaux qui nous mangent et mangent nos animaux domestiques : lion..., crocodile..., requin. — Animaux qui vivent à nos dépens : parasites, vers intestinaux, charbon. — Animaux venimeux : serpents, crapaud, etc. — Caractères du venin. — Animaux destructeurs de nos récoltes ou de nos produits industriels : criquets, tarets, termites.

Tout sert dans la nature, mes enfants, c'est-à-dire que tout y a sa place. M. de la Palisse, qui était un grand philosophe, aurait dit que tout ce qui existe a les conditions de l'existence. Par conséquent, si nous regardons le monde dans son ensemble, il n'y a rien de nuisible ni rien d'utile.

Mais si nous ne pensons qu'à nous, il est bien clair qu'il y a des animaux qui nous servent et d'autres qui nous nuisent. Le tigre qui nous mange ou mange nos bestiaux, le serpent à sonnettes qui nous tue, le phylloxera qui détruit nos vignes, sont des animaux *nuisibles*, par rapport à nous. Inversement, le mouton qui nous nourrit et nous vêt, le cheval qui nous porte, le chien qui nous défend, la sangsue qui nous saigne, la cantharide qui nous fait des vésicatoires, la cochenille qui nous fournit une belle couleur, sont des animaux *utiles*, toujours par rapport à nous.

Mais la distinction n'est pas toujours facile à faire ; et

certains animaux nous sont utiles ou nuisibles, suivant la manière dont on les envisage. Je vais vous en citer un exemple, parce qu'il est très curieux et très instructif.

Vous connaissez tous la *belette* (fig. 256), ce petit carnassier jaunâtre, commun dans nos pays. Est-il nuisible ? Certes oui, répondraient et la fermière, qui lui reproche non sans raison de sucer les œufs et de tuer les poussins, et le chasseur, qui ne

Fig. 256. — La belette.

peut lui pardonner de manger cailles et perdrix. Eh bien, il est très utile, surtout en Angleterre, et voici comme.

On cultive beaucoup, en ce pays, pour nourrir les bestiaux, une espèce de trèfle dont la fleur est très longue. Or, l'expérience a montré que ce trèfle ne porte pas de graine lorsqu'on tend au-dessus du champ un filet à mailles très serrées. — Pourquoi ? — Parce que les insectes ne peuvent plus arriver et visiter les fleurs. — Mais qu'y a-t-il de commun entre les insectes et les graines ? — Ah ! cela serait trop long à vous expliquer; nous l'apprendrons plus tard, en parlant de l'*Histoire naturelle des plantes*. Croyez-moi cette année sur parole, cela suffit. Et puis, c'est déjà assez compliqué : nous ne voyons pas encore venir la belette.

Or, les insectes dont la présence est nécessaire pour produire la graine sont des *bourdons* (fig. 257). Ces bourdons font des nids où ils vivent en petites sociétés. Mais ils ont un ennemi redoutable, les *musaraignes* (fig. 14), petits mammifères à la dent aiguë, au nez pointu, et qui se creusent de petits terriers dans les champs.

Fig. 257. Bourdon.

C'est ici qu'arrive la belette. Elle est la grande destructrice des musaraignes ; elle en tue en quantité, et par conséquent les empêche de manger les bourdons, de telle sorte que ceux-ci peuvent amener le trèfle à graine.

Si donc vous appelez la belette animal nuisible, et si, en conséquence, vous poussez à la détruire, les musaraignes se multiplieront indéfiniment, elles mangeront les bourdons, et c'en sera fait de la graine de trèfle. Vous voyez que vous pouvez, à ce point de vue, l'appeler un animal utile.

Mais enfin, tout n'est pas aussi difficile que n'est le cas de la belette, et personne, par exemple, ne sera tenté de disputer à la vipère et au loup le titre d'animal nuisible.

Parmi les animaux nuisibles, ceux qui semblent les plus redoutables sont *ceux qui nous mangent*.

En tête, il faut placer le *tigre rayé* qui, dans l'Inde et en Cochinchine, tue par an des milliers d'hommes, et va jusqu'à détruire ou faire déserter des villages. Sa hardiesse est telle qu'on l'a vu enlever des hommes au milieu d'un pèlerinage, ou d'une troupe armée (fig. 258). Le

Fig. 258. — Tigre attaquant un Indien.

beau-fils du célèbre Cuvier, le naturaliste Duvaucel, fut ainsi *cueilli* sur son cheval, dans le parc et à côté du gouverneur de Pondichéry. Ils paraissent faire grand cas de la chair humaine. Quand ils en ont goûté, ils font profession de s'en nourrir spécialement, et ces *mangeurs d'hommes* sont bien connus dans l'Inde.

Aussi poursuit-on le tigre par tous les moyens et avec tous les engins possibles, chasse à l'affût, à la souricière (fig. 206), aux trappes à fosse, et particulièrement avec l'éléphant (fig. 3). Le tueur de tigres est presque adoré par les pauvres Indiens nus et sans armes (fig. 259). Le plus

Fig. 259. — Tueur de tigres adoré par les Indiens.

célèbre tueur de tigres de l'Inde, Young Bahador, en a abattu plus de 800 à lui seul.

Le *lion* est de mœurs très douces à côté du tigre. S'il lui arrive de manger quelque nègre, c'est presque toujours la faute du nègre, qui l'a attaqué, ou parce qu'il a grand faim. Il préfère généralement et sans hésitation un bœuf à un homme. Mais si on le blesse, il devient redoutable.

Le *jaguar* est à peu près de la même opinion que le lion, et moins agressif encore. Quant aux autres grands chats, *léopards, couguards, panthères*, ils ne cherchent presque jamais directement querelle à l'homme.

L'un des plus fâcheux personnages que l'on puisse rencontrer est l'*ours blanc* (fig. 75). La rareté du gibier dans les régions glacées qu'il habite, la ruse des phoques dont il fait sa nourriture habituelle, lui creusent l'estomac, et lui rendent le caractère agressif. Très fort et très résistant aux blessures, il est justement redouté de tous ceux qui visitent les contrées polaires. Or, les ours blancs sont parfois si nombreux que le capitaine Scoresby les a comparés à des troupeaux de moutons.

Son parent l'*ours grizzly*, de l'Amérique du Nord, n'est pas de mœurs plus douces. Les trappeurs et les peaux-rouges, gens braves s'il en fut, en ont une peur horrible. Avec ses lourdes allures, il atteint rapidement l'homme à la course, et n'hésite pas à l'attaquer.

Les autres *ours* sont de complexion moins farouche. Et spécialement celui de nos montagnes, lorsqu'il rencontre un homme, ne demande guère qu'à s'en aller.

L'*hyène*, à laquelle on a fait à tort une réputation de férocité, est trop peureuse pour se jeter sur l'homme; bien au contraire, elle détale au plus vite, et telle est sa lâcheté, qu'un proverbe arabe dit : « ne frappe pas l'hyène de ton sabre, il te trahirait au jour du combat. » Les *loups* sont plus dangereux ; mais encore n'attaquent-ils que poussés par la faim dans les grands hivers, ou quand ils sont réunis en nombreuses troupes, comme dans les steppes de Russie ou de Pologne. Ils poursuivent alors les traîneaux et dévorent chevaux et hommes. C'est ainsi, du reste, qu'on les chasse, en se réunissant à plusieurs, bien armés, sur des traîneaux voisins l'un de l'autre ; mais on est à la fois chasseur et gibier. Dans la Russie d'Europe, les loups ont mangé, en 1875, 161 individus ; on estime leur nombre en ce pays à plus de 200,000.

Quand je vous aurai cité les grands *aigles* ou *vautours* qui ont parfois enlevé de petits enfants, ce sera tout pour les Oiseaux.

Mais parmi les Reptiles, les *crocodiles* des grands fleuves asiatiques ou africains, et les *caïmans* d'Amérique (fig. 10), sont de féroces et redoutables êtres. Ils saisissent soit dans l'eau, soit même au voisinage de l'eau, hommes et enfants. Les Malais de Timor les adorent parce que, disent-ils fort judicieusement, « un crocodile avale uu homme, et un homme ne peut avaler un crocodile ».

Les *boas* de l'Amérique du Sud (fig. 9), les *pythons* d'A-
frique et d'Asie, sont également fort dangereux, et dans
les îles de la Sonde on craint beaucoup une grande couleuvre, qui ne se fait pas faute d'attaquer, d'étouffer et
de manger des hommes.

Les poissons d'eau douce sont de trop petite taille
pour un tel office. Mais il existe dans l'Amazone un petit poisson qui vit en bandes innombrables et qui, lorsqu'un homme tombe à l'eau, se précipite sur lui, le saigne et le déchiquette en quelques instants.

On dit que les *maquereaux* en font volontiers autant,
et du reste, les *murènes* ou grandes anguilles et les *lamproies* qu'élevaient dans leurs viviers les nobles romains, dévoraient fort bien les esclaves qu'on leur jetait.

Mais c'était par petites bouchées, tandis que les *requins* (fig. 11) et d'autres espèces voisines, comme l'horrible *squale-marteau* (fig. 260), avalent l'homme d'un trait.
Quand le terrible poisson apparaît, on n'a, suivant l'expression des matelots, que le temps de chanter le *requiem*
pour le repos de son âme, d'où le nom caractéristique de
requin. Les pêcheurs de perles, de corail, ou d'éponge, n'hé-
sitent cependant pas à l'attaquer et lui ouvrent le ventre.
Toute leur manœuvre consiste à se tenir sans cesse au-

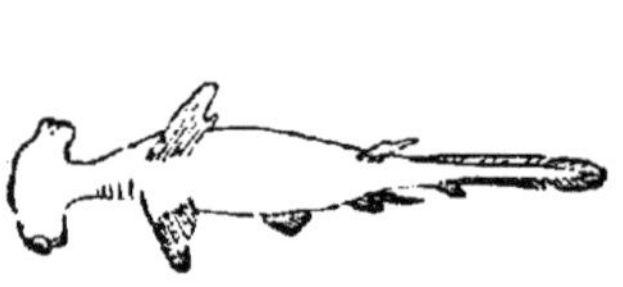
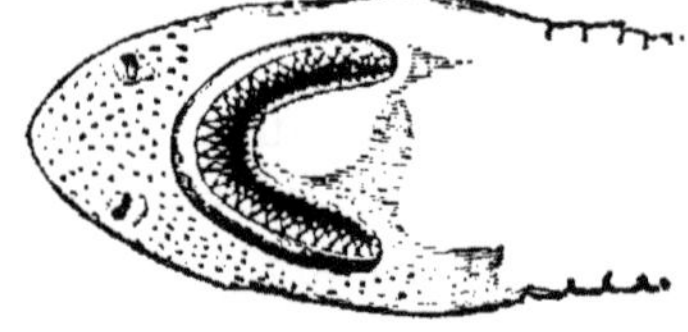

Fig. 260. — Squale-marteau.   Fig. 261. — Tête de requin vue en dessous.

dessous du requin en plongeant. Car sa gueule est ainsi
faite et placée, qu'il ne peut happer sans se retourner
sur le dos. Il y a de quoi frémir, de voir cette gueule
énorme, armée de plusieurs rangées de dents triangulai-
res, tranchantes et dentelées (fig. 261).

Je vous ai parlé, dans une de mes premières leçons, du *kraken* et des grands animaux à longs bras qui sont parfaitement capables de saisir et de tuer un homme (fig. 12). Je dois vous rappeler ici, parmi les mangeurs d'hommes, ces hideuses et répugnantes bêtes.

Les animaux qui mangent l'homme ne se font pas faute, à l'occasion, de dévorer ses compagnons, les animaux domestiques. Un tigre détruit des troupeaux entiers. Un lion, dans nos possessions algériennes, mange, au dire de Jules Gérard, pour une vingtaine de mille francs de bœufs chaque année. Bien entendu que tous les autres grands chats ne dédaignent pas nos moutons, ni nos oiseaux de basse-cour.

Le loup commet aussi de grands dégâts. En Russie, les documents officiels déclarent que, année moyenne, il périt sous leur dent 180,000 têtes de gros bétail, 560,000 de petit, et 100,000 chiens, sans compter la volaille. Tout cela représente une perte annuelle d'au moins 60 millions de francs. Le renard est bien plus inoffensif, car il n'attaque que des poules et autres volailles, et aussi le chacal africain qui ne laisse rien traîner, et même l'hyène (fig. 98) tant redoutée des moutons, chèvres et ânes.

Il faut noter encore les petits carnassiers inoffensifs pour nous, redoutables aux élèves de nos basses-cours : la *fouine*, le *putois*, la *belette* (fig. 256) ; et aussi ceux qui mangent les poissons des rivières et des étangs, comme la *loutre* (fig. 151). Ici se placent les oiseaux de proie : *vautours, aigles, faucons, buses, milans, éperviers.* Tout cela mange poules, pigeons,

Fig. 262. — Lapins

canards, et aussi les gibiers auxquels nous tenons : lapins (fig. 262), lièvres, perdrix, cailles.

Ce sont des **concurrents**, ils luttent avec nous. Et comment s'en fâcher? Ne faut-il pas qu'ils mangent? Le loup peut-il paître l'herbe ? A-t-il des dents faites pour la broyer, un estomac fait pour la digérer? Non; carnivore il est de naissance, carnivore il restera. S'il nous nuit, tuons le, car il faut bien nous défendre ; mais ne nous mettons pas en colère contre lui et ne l'injurions pas. Il a ses dents; nous avons notre intelligence qui nous a donné le fusil : le résultat de la lutte ne saurait être douteux.

Du reste, leur beau temps est passé, à tous ces pauvres carnassiers. Depuis longtemps, il n'y a plus de loups en Angleterre. Avant vingt ans, tous les lions d'Algérie seront détruits, au grand chagrin des amateurs de pittoresque, et de ceux qui ont entendu les effets sublimes de la grande voix léonine répercutée la nuit dans les ravins de l'Aurès. Le tigre lutte mieux, grâce aux impénétrables *jungles* et à l'impuissance des Indiens désarmés ; mais il disparaîtra à son tour.

Voilà pour les animaux qui nous mangent, ou mangent nos auxiliaires. Mais il en est d'autres qui, pour ne pas se jeter sur nous gueule béante, n'en sont pas moins redoutables.

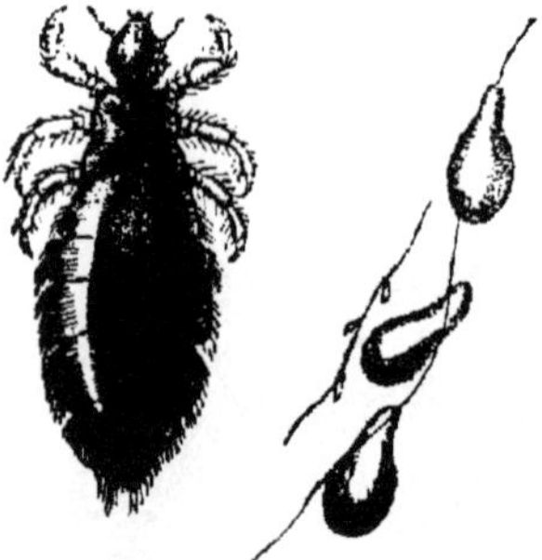

Fig. 263. — Pou et ses œufs (grossi).

Ceux dont je vous parle ainsi vivent sur nous, en nous, de nous. Ce sont les *parasites*.

Les uns n'ont pas grande importance. Les *poux* (fig. 263) courent à la surface de la peau, se nourrissant de toutes sortes d'impuretés ; les *puces* (fig. 264) nous piquent et aspirent les sucs dont elles se nourrissent. Tous les animaux ont ainsi à héberger des quantités de bestioles désa-

gréables, mais qui ne leur font pas grand mal. Telles sont
encore les *punaises* (fig. 265).

Les animalcules producteurs de la gale ou *acarus* (fig. 22)
sontplus à craindre. Ils creusent sous l'épiderme de petites

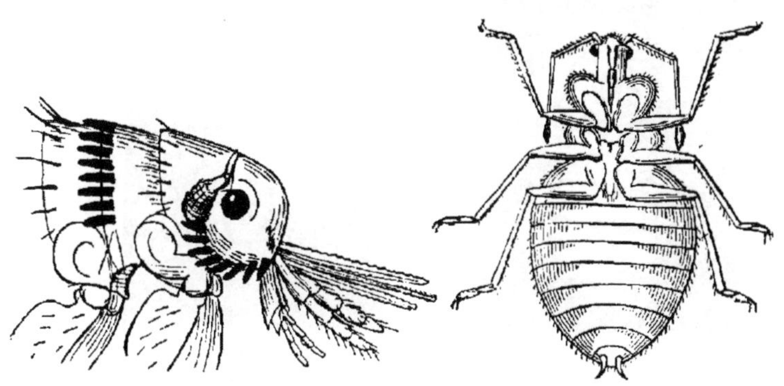

Fig. 264. — Tête de puce
(grossie 40 fois).

Fig. 265. — Punaise des lits vue en
dessous (grossie 7 fois).

galeries, ce qui occasionne des démangeaisons, des maladies de peau : nous en avons déjà parlé, et de la manière
de les détruire.

Dans l'intérieur du corps, et particulièrement dans le
tube digestif, vivent des parasites qui peuvent amener des
maladies assez sérieuses. On les nomme *vers intestinaux*.

Les plus communs et les moins à craindre ressemblent
un peu à des vers de terre tout blancs ; c'est pour cela
qu'on les appelle des *asca-*
rides (fig. 266) (*ascaris*, nom
latin du ver de terre). Tous
ces animaux, qui vivent dans

Fig. 266. — Ascaride.

l'intérieur du corps, sont absolument incolores.

Il en est d'autres qui semblent un ruban composé d'anneaux aplatis attachés les uns au bout des autres (fig. 268).
Chacun de ces anneaux contient des œufs. A l'extrémité

antérieure se trouve une tête (fig. 267, A) munie de crochets en couronne et de quatre ventouses avec lesquels

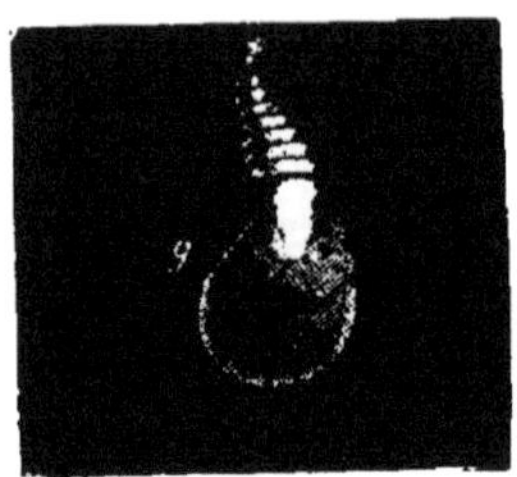

A   B

Fig. 267. — A, tête de tænia ; B, larve de tænia (très grossies).

l'animal s'attache aux parois de l'intestin. C'est là le *tænia*, fort improprement appelé *ver solitaire*.

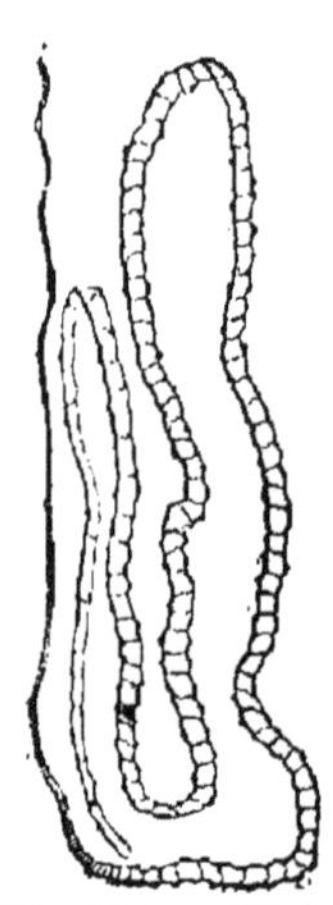

Fig. 268. — Tænia.

Ces tænias n'existent que chez l'homme et chez les animaux carnivores : chien, chat, etc. — L'histoire de leur développement est très singulière, et il y a là des métamorphoses plus compliquées encore que celles du papillon ou de la grenouille. Cela est si curieux que je ne puis résister au désir de vous en dire quelques mots.

Allez dans la cuisine quand on tuera un lapin. Dans son ventre, à l'extérieur de l'intestin, vous verrez souvent des boules pleines d'eau, grosses comme un grain de raisin ; on leur donne le nom de *cysticerques* (fig. 267, B). Ces boules, lorsqu'on les examine avec soin, se montrent composées d'une poche portant un ou plusieurs petits corps gros comme une petite tête d'épingle. Or, ces corps, regardés de près, sont tout à fait identiques à une tête de tænia.

Si un chien les avale, les poches aqueuses disparaissent, mais les têtes restent, et à leur partie postérieure poussent des anneaux qui se remplissent d'œufs : ce sont des tænias.

Plus tard, le chien expulse ces anneaux avec les produits de sa digestion ; ils sèchent, les œufs s'en échappent, se répandent sur l'herbe, et voici qu'un lapin les mange.

Quand ils sont dans son estomac, ils éclosent, il en sort un petit ver qui perce les parois de l'intestin, s'attache au dehors, pousse une poche pleine d'eau, et devient cysticerque.

Le cycle est accompli : l'animal herbivore porte le cysticerque, le carnivore le tænia.

D'autres vers intestinaux ont une histoire encore plus compliquée. Telle la *douve* du foie, petite bestiole grosse comme l'ongle, et aplatie en feuille, qui vit par myriades dans le foie de moutons qui en meurent. Les œufs tombent à terre, éclosent au dehors ; les larves vivent dans le corps de petites limaces , sont mangées par les moutons, et redeviennent douves dans leur foie.

Il est un parasite beaucoup plus dangereux et qu'on ne connaît que depuis peu de temps.

Fig. 269. — Trichines dans la chair (très grossies).

C'est la *trichine* (fig. 269), petit ver qui habite les muscles, la chair de beaucoup d'animaux et surtout des porcs. Elle n'est pas rare dans les jambons américains ou surtout allemands, où la salure ni la fumure ne peuvent la tuer. Si on les mange sans les avoir fait suffisamment cuire, la bête se ranime dans l'estomac, y pond ; ses larves traversent l'intestin, cheminent à travers l'organisme, et arrivent dans les muscles, en causant d'horribles souffrances qui se terminent presque toujours par la mort.

Enfin, car il faut se borner, la *bactérie du charbon*, dont je vous ai déjà dit un mot, est bien autrement redoutable que tout cela. Les moutons en meurent en France par milliers, et l'on en trouve leur sang rempli. Si le berger, l'écorcheur, le boucher se piquent avec quelque instrument souillé de ce sang, *s'inoculent*, suivant l'expression consacrée, l'odieux microbe se multiplie dans l'organisme avec une telle rapidité que la mort survient en deux ou trois jours. En vain enfouit-on le mouton mort ; les bactéridies sortent de son corps, se répandent dans la terre ; les vers de terre les avalent, et viennent les rejeter à la surface du sol, où quelque malheureux mouton les mange, s'empoisonne, et périt. Le feu ou la chaux vive peuvent donc seuls constituer une protection efficace.

Je sais bien, et je vous ai déjà dit (p. 27) que ces bactéries sont des végétaux ; mais j'insiste ici sur leur histoire à cause de l'intérêt qu'elle présente pour les animaux.

Passons à un autre ordre d'animaux nuisibles, dangereux.

Ceux dont je veux vous parler ont une propriété très singulière. Ils fabriquent, à l'aide de petits organes que les anatomistes appellent des *glandes*, et emmagasinent dans des réservoirs, des liquides nommés *venins*. Ces liquides, s'ils sont introduits sous la peau d'un animal, le rendent malade et peuvent même le tuer.

Les plus connus, les plus redoutables, parmi les *animaux venimeux*, ce sont certains serpents : non pas tous, car il est des serpents tout à fait inoffensifs, comme le sont nos couleuvres.

En Europe, trois espèces de *vipères ;* en Afrique, le *céraste* ou *vipère cornue*, l'*aspic* ou *naja ;* en Asie, le *serpent à lunettes* ou *cobra capello ;* en Australie, le *death-adder ;* en Amérique, le *crotale* ou *serpent à sonnettes ;* à la Martinique, la *vipère fer-de-lance* ou *trigonocéphale :* tels sont les plus fâcheusement célèbres parmi les serpents venimeux.

Disons quelques mots de chacun d'eux.

Les *vipères* sont très abondantes dans certaines régions de la France. Dans le département de l'Yonne, en une seule année, les vipéraires en ont tué 17,000 dans les deux cantons de Bléneau et Saint-Fargeau. Il n'est pas d'année où elles ne fassent quelques victimes. Cependant, leur morsure est rarement mortelle pour un homme robuste ; mais les enfants et les vieilles femmes qui vont ramassant l'herbe et le bois mort y succombent fréquemment.

Le *céraste* algérien, et surtout le *naja* et le *death-adder* (fig. 270) sont beaucoup plus dangereux ; encore plus les *serpents à lunettes*, dont la morsure entraîne presque toujours la mort. Et comme leur nombre est prodigieux dans les contrées chaudes de l'Asie, le nombre des personnes tuées par eux chaque année est vraiment effrayant.

Fig. 270. — Vipère d'Australie (death-adder).

Ce redoutable animal doit son nom de serpent à lunettes à une tache noire dessinée sur sa tête, et son nom de *cobra capello* à l'élargissement

10.

de son cou lorsqu'il est en colère ; le *naja* (fig. 271) présente la même disposition.

Le *serpent à sonnettes* (fig. 272) est ainsi appelé à cause

Fig. 271. — Naja aspic.

Fig. 272. — Serpent
à sonnettes.

d'un appareil composé de plaques cornées qu'il porte au bout de la queue. Quand il est en colère, il le remue fortement, et cela fait un bruit de crécelle qui s'entend fort bien. Ce bruit et la grande lenteur de l'animal font qu'il ne tue pas beaucoup de monde. Mais sa morsure est quasi foudroyante.

Il en est de même du *trigonocéphale* qui tous les ans fait périr à la Martinique des nègres, surtout dans les champs de cannes à sucre.

Le *venin* de tous les serpents est formé dans une petite

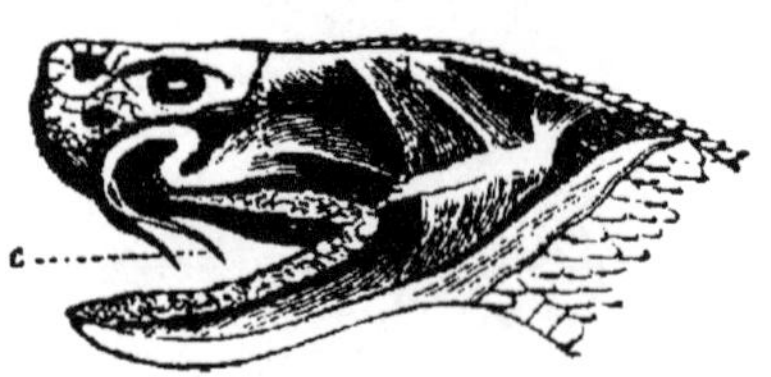

Fig. 273. — Appareil venimeux de la vipère
(*c*, crochets venimeux).

glande située sous l'œil (fig. 273); il est inoculé par l'intermédiaire d'une dent creuse extrêmement pointue. La morsure d'un serpent venimeux ressemble en conséquence à deux piqûres d'épingles. Quant au fameux *dard*, tant redouté des bonnes femmes, c'est tout simplement la langue fourchue du serpent, organe mou et tout à fait incapable de faire le moindre mal.

Les lézards en ont une semblable, et aucun d'eux n'est venimeux, pas plus que ce pauvre petit *orvet* ou *lanveau* dont nos paysans ont si peur.

Mais le *crapaud* ? on en dit bien du mal aussi. Est-il venimeux ? — Oui. — Peut-il faire du mal? — Non. — Comment arrangez-vous cela?

Regardez ce crapaud (fig. 274) : que remarquez-vous en lui? — Il est bien laid, dites-vous?

Fig. 274. — Crapaud.

— Cela, c'est une affaire de convention ; peut-être en pense-t-il autant de vous. Mais voyez-vous sur son dos, et surtout son cou, toutes ces boules, verrues, pustules? Oui? Eh bien, ce sont des glandes qui sécrètent un liquide venimeux. Tenez, voyez, notre crapaud se met en colère parce que je le pince, et là, en arrière de ses yeux, voyez-vous ces petites gouttelettes semblables à de la crème? Si je les ramassais sur le bout d'une lancette, et si je piquais ensuite une poule ou un lapin, ils périraient rapidement. Ainsi font, pour des animaux semblables,

Fig. 275. — Sauvages de l'Amérique du Sud préparant des flèches empoisonnées avec le venin de crapaud.

les sauvages de l'Amérique du sud (fig. 275), qui les font

suer au-dessus du feu, et empoisonnent leurs flèches avec ce venin.

Mais pourquoi vous ai-je dit que, tout venimeux qu'il soit, il est inoffensif? Parce qu'il n'a pas d'instrument piquant avec lequel il puisse inoculer son venin, pas de dard, de dent, d'aiguillon.

Mais alors, à quoi cela lui sert-il d'être venimeux? La vipère se fait respecter et tue sa proie; mais le crapaud?

Vous voulez le savoir? Nous allons faire une petite expérience. Voici le crapaud par terre, et j'excite contre lui Tom, mon chien. Tom jappe, tourne autour, essaie de lui donner des coups de patte. Mais le prendre dans sa gueule? jamais. Tom est un vieux routier. Quand il était jeune, il a happé sans doute quelque crapaud, et il se rappelle qu'il lui en a cuit : le venin lui avait mis toute la gueule en feu.

Ainsi le venin du crapaud défend le pauvre animal inoffensif et même si utile — car il détruit limaces, chenilles, insectes de toute sorte — contre les carnassiers qui le dévoreraient. La *salamandre* terrestre (fig. 169), jaune et noire, qui vit sous les pierres, et qui est redoutée des paysans plus encore que le crapaud et tout autant à tort, est dans le même cas. De même nos *tritons* ou *salamandres d'eau* (fig. 324). Il n'est pas jusqu'aux grenouilles dont la peau ne sécrète une matière irritante : ne vous frottez pas les yeux après les avoir maniées.

Il n'y a ni mammifères, ni oiseaux, ni poissons venimeux.

Au contraire, toutes les araignées sont venimeuses; les crochets avec lesquels elles piquent et empoisonnent les petits animaux dont elles font leur nourriture sont situés au voisinage de leur bouche (fig. 276).

De même pour les mille-pattes.

Les scorpions (fig. 277), au contraire, portent au bout de
la queue leur glande et leur crochet venimeux.

De même la plupart des insectes *venimeux :* abeilles,

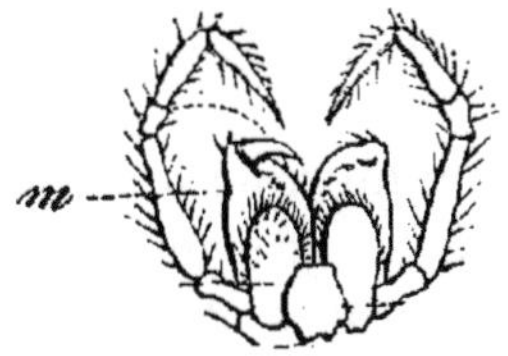

Fig. 276. — Bouche d'araignée.
m, crochets venimeux.

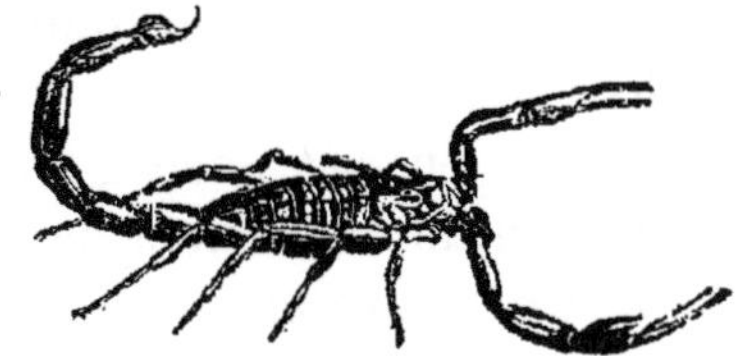

Fig. 277. — Scorpion

guêpes, bourdons, frelons, sphex, ichneumons, etc. Ils ont
un dard très aigu, qui se cache d'ordinaire dans l'abdomen, et qu'ils sortent pour piquer l'ennemi. Celui des
abeilles présente des dents en forme de scie (fig. 278) qui
le retiennent dans la plaie quand l'animal a piqué, et veut
s'enfuir trop vite. D'autres insectes, les punaises, les puces,
les cousins, inoculent leur venin avec un petit instrument
situé devant leur bouche, et qui leur sert
en même temps à aspirer, pour s'en nourrir,
les sucs de l'animal sur lequel ils vivent.

Voilà à peu près tous les animaux venimeux.

Tous, sauf les serpents, ne peuvent guère
faire courir à l'homme de sérieux dangers.

Fig. 278. —
Dard d'une
abeille (très
grossi).

On a cependant cité quelques cas de mort à la suite de
piqûres de scorpions ou de scolopendres dans les pays
chauds. Les frelons et abeilles peuvent devenir redoutables à cause de leur nombre.

Un des caractères les plus curieux que présentent les
venins, c'est qu'on peut les avaler sans danger. Ils n'agis-
sent que quand ils sont introduits sous la peau, directement

dans le sang. La conséquence pratique de ce fait intéressant, c'est que, lorsque quelqu'un est mordu par un serpent, il faut immédiatement sucer la plaie, sans s'inquiéter si l'on avale ou non le venin; mais il faut se défier des écorchures qui pourraient se trouver dans la bouche.

Que faire en présence d'une personne mordue par un serpent venimeux? Sucer la plaie, comme je viens de vous le dire ; faire une forte ligature au-dessus de la piqûre, si elle est placée sur un membre, afin de retarder l'absorption ; puis cautériser avec une aiguille à tricoter rougie à blanc.

J'en entends un qui dit : frottez avec de l'alcali volatil. — L'alcali? Écoutez bien cette expérience que j'ai répétée après Fontana : j'ai mis dans un verre de montre une goutte de venin de vipère, puis j'ai ajouté plusieurs gouttes d'alcali très fort, j'ai bien remué et laissé sécher. Or, ce venin, inoculé à une poule, l'a tuée tout aussi vite que celui qui n'avait pas eu le contact de l'alcali. Vous voyez que celui-ci ne sert absolument à rien contre les morsures de serpent. Mais vous pourrez l'employer avec avantage contre les piqûres d'abeilles : il serait trop long de vous dire pourquoi.

Les animaux *qui nous mangent*, les animaux qui vivent à nos dépens, *qui nous exploitent*, c'est-à-dire les parasites, et les animaux *qui nous empoisonnent*, voilà les animaux qui nous sont *directement* nuisibles.

Mais il en est d'autres, qui nous sont *indirectement* nuisibles, soit en attaquant, rendant malades et faisant périr les animaux ou les végétaux que nous utilisons pour des usages variés, soit en détruisant les produits de notre industrie, comme nos vêtements, nos meubles, etc.

Ceux-là sont vraiment innombrables, et nous en rencontrons tout autour de nous.

Pour nos animaux domestiques, les ennemis sont du même ordre que ceux qui nous attaquent directement. Les fouines mangent nos poules, les cysticerques donnent le *tournis* aux moutons et la *ladrerie* aux porcs, les bactéridies du *charbon* tuent des milliers de moutons. Les souris, les rats, rongent et détruisent maints objets dans nos maisons. Les campagnols (fig. 146) s'attaquent à nos récoltes, à nos céréales ; parfois ils se multiplient en quantité prodigieuse : en 1822, dans le seul canton de Saverne, on en a tué deux millions.

Nos végétaux utiles ont chacun leurs ennemis, parfois très redoutables. Presque toujours ce sont des insectes.

La vigne a à se plaindre de la *pyrale* (fig. 279), petit papillon dont la chenille mange ses feuilles ; de l'*eumolpe* (fig. 280) ou *écrivain*, insecte ainsi nommé parce qu'il sculpte l'écorce et le bois ; et surtout du *phyl-*

Fig. 279. — Pyrale de vigne.

Fig. 280. — Feuille de vigne attaquée par l'eumolpe.

Fig. 281. Phylloxera ailé (grossi).

loxera (fig. 23 et 281), qui ronge l'extrémité de ses petites racines et la fait mourir de faim.

Le phylloxera est un cadeau que nous a fait il y a moins de vingt ans l'Amérique. Aujourd'hui, en 1885, il a envahi et détruit des centaines d'hectares de vigne dans

le midi et l'ouest de la France ; il menace et envahira
les grands crus du Bordelais et de la Bourgogne ; il
attaque la Suisse, l'Italie, l'Espagne. C'est peut-être le
plus redoutable de tous les insectes que l'homme ait
jamais eu à combattre ; nul doute qu'il n'en vienne à
bout, mais après bien du temps et des ruines longues à
réparer.

Jamais je n'en finirais, si je voulais étudier, ou simplement passer en revue devant vous, les insectes nuisibles aux végétaux. Il n'est pas de plante dont quelque chenille ne ronge les feuilles, dont quelque scarabée ne creuse le tronc, dont quelque larve ne mange le fruit. Le *ver blanc* (fig. 199), qui deviendra un hanneton, dévore les racines de nos plantes fourragères ; la *courtilière* (fig. 282),

Fig. 282. — Courtilière.

Fig. 283. — Scolyte et morceaux d'écorces rongés par lui.

celles des légumes de nos jardins ; le *scolyte* (fig. 283) grave dans le bois de nos arbres des galeries fort élégantes, mais qui font périr la plante.

Puis, en dehors de ces espèces pour qui tout est bon, il en est qui se cantonnent et vivent chacune aux dépens d'une espèce végétale particulière. Combien vous avez vu de prunes et de poires véreuses ? La noisette elle-même n'est pas protégée par sa coque si dure. Or, l'animal de la noisette (fig. 284) ne va jamais dans la

pomme (fig. 285) ; et celui de la poire, qui est un petit papillon, n'habite que les fruits à pépins. Le puceron *lanigère* (porte-laine) (fig. 286) fait pousser exclusivement sur

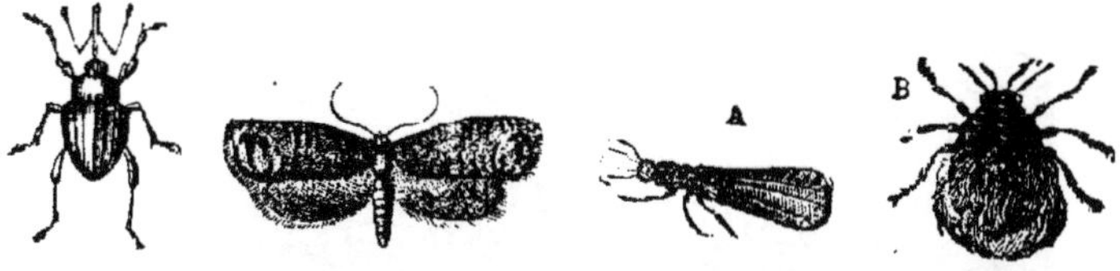

Fig. 284. — Para-
site de la noi-
sette.

Fig. 285. — Para-
site de la pom-
me.

Fig. 286. — Puceron lanigère (A, individu
ailé ; B, individu *laineux*) (grossi).

les branches et les racines des pommiers les boursou-
flures qui paraissent blanches à cause de la multitude
de ces petits êtres.

Rien de plus curieux, de plus amusant à examiner que
toutes ces histoires sur les insectes nuisibles, et j'ajouterai
de plus utile à connaître, car on peut arriver, en sachant
où ils pondent leurs œufs, où ils passent l'hiver, à les détruire. Mais, pour bien faire, il faut examiner cela sur
place. Nous en ferons l'objet de causeries en promenade,
car ici ce serait long, monotone et ennuyeux.

J'en dis autant pour les destructeurs des étoffes, des
fourrures, des bois, etc. Les chenilles des papillons-teignes

A

B

Fig. 287. — Papillons teignes (A, teigne des tapisseries ; B, teigne des pelleteries).

(fig. 287), les larves des mites, des dermestes, sont redou-
tées de toutes les ménagères. Il y a mille histoires que
vous lirez dans des livres spéciaux ; il y a surtout des
observations à faire que je vous recommande, car elles
vous amuseront fort. Les raconter ici serait fastidieux.

Je ne veux faire d'exception que pour trois destructeurs vraiment dangereux, les *criquets*, les *tarets* et les *termites*.

Les criquets ou sauterelles (fig. 288) sont le fléau de nos

Fig. 288. — Criquets algériens (larves à divers âges et insectes adultes).

possessions algériennes. On les voit arriver au vol venant
du Sud en bandes tellement nombreuses qu'elles obscur-
cissent le soleil. Bientôt elles s'abattent, rongent sur place
pendant quelques jours et meurent en infectant l'air et les
eaux. Mais ce n'est rien ; chaque femelle a pondu et enfoui
une centaine d'œufs ; il sort bientôt de terre des légions
innombrables de petits insectes qui se rangent en batail
lons et vont droit devant eux, détruisant toutes les récoltes sur leur passage, et rongeant jusqu'à la dure écorce
des oliviers. Pour vous donner une idée de ce que sont ces
bandes dévastatrices, je vous dirai qu'en 1874 on en a,
en Algérie, observé une, qui occupait 25 kilomètres de
front sur 4 de profondeur ; on a calculé que les insectes
qu'elle renfermait pesaient presque la moitié du poids
de tous les habitants de l'Algérie réunis. Que faire en
présence de pareilles masses ? Il ne faut pas penser à tuer
ces insectes un à un : une année n'y suffirait pas. On n'a
d'autre ressource que de les diriger à l'aide de longues

bandes de toile vers de grands fossés où on les écrase et les enterre.

Les *tarets* (fig. 289) sont des mollusques marins, qui

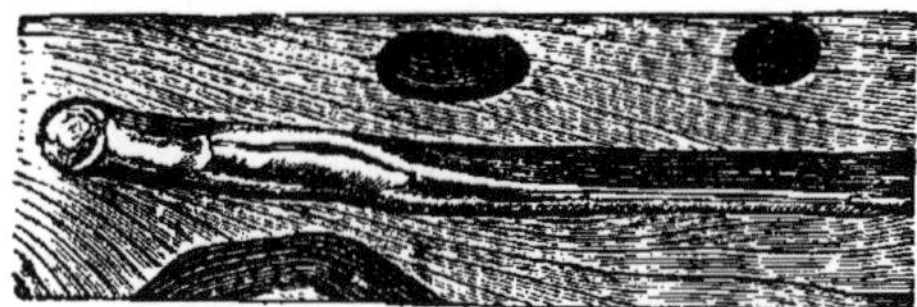

Fig. 289. — Taret creusant son trou.

sont faits comme des vers et portent une petite coquille à l'une de leurs extrémités. Avec cette coquille ils creusent, sous l'eau, les bois des digues, des pilotis, et les détruisent rapidement.

Les *termites* (fig. 290) ont une histoire bien plus compliquée. Ce sont des insectes qui vivent en colonies, en sociétés composées d'individus très divers : des femelles qui pondent, des soldats chargés de défendre la colonie, des ouvrières qui leur préparent le logement. Ce sont celles-ci qui

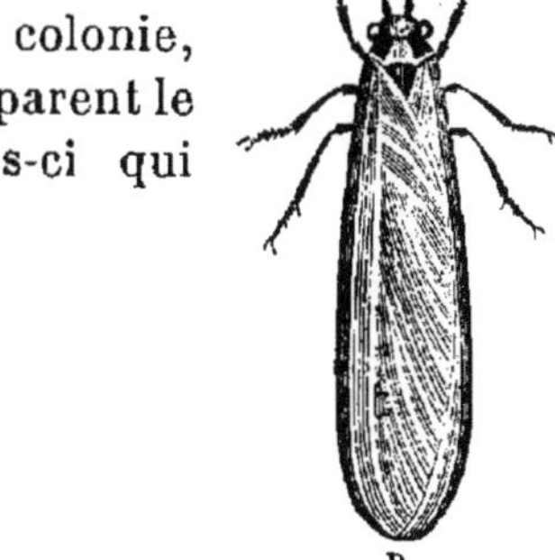

A   B

Fig. 290. — Termites (A, soldat ; B, femelle).

font tout le mal. Certaines espèces africaines se construisent d'énormes nids où loge toute la société (fig. 112) : cela ne nuit à personne. Mais d'autres se creusent des habitations dans le bois, sans se soucier si ce sont ou non des charpentes, en telle sorte qu'elles finissent par faire tomber les toitures et les plafonds. En France même, à la Rochelle et à Rochefort, les *fourmis blanches,* comme on les appelait, ont détruit des maisons, des édifices publics, et rongé jusqu'aux papiers des archives enfermés dans des casiers solides.

Mais arrêtons-nous dans cette énumération des animaux nuisibles. Nous en aurions pour longtemps encore, rien qu'à les faire défiler.

QUATORZIÈME LEÇON

LES ANIMAUX UTILES.

Sommaire : Les avantages de notre pays. — Les animaux que nous mangeons : mammifères, oiseaux, poissons (saumons, harengs, morues...), etc. — Les animaux à fourrures. — Les productions animales utilisées par le luxe, l'industrie, la médecine. — Animaux auxiliaires : insectivores. — La baleine.

Nous avons assez parlé de nos ennemis ; parlons maintenant de nos amis. Aussi bien, cela est plus agréable.

A conter les histoires de toutes ces vilaines bêtes, on finit par frémir malgré soi. Dans nos pays tempérés, nous n'avons pas grand'chose à craindre. Nous pouvons nous promener tranquillement dans les bois, pêcher à la ligne le long d'un ruisseau, et reposer en nos maisons. Les loups ont plus peur de nous que nous d'eux; les vipères mêmes ne sont, en somme, pas bien dangereuses.

Voyez au contraire ces pays chauds que l'on vante tant, où la végétation est si puissante, les fleurs si splendides, les oiseaux parés de si riches couleurs. C'est un paradis, à lire les descriptions ! Mais quel cauchemar que d'habiter un pareil paradis ! Dans la jungle et jusque dans votre parc, le tigre vous enlève au milieu de vos amis ; au bord de l'eau, le crocodile vous happe ; à la fontaine longtemps cherchée dans la journée brûlante, le boa vous saisit ; le rhinocéros brutal ou l'éléphant furieux vous attaque sans crier gare. Sous vos pieds, regardez-y bien, ici le crotale, là le *cobra capello*, ailleurs le trigonocéphale ; et ces horribles bêtes ne sont pas seulement cachées au fond des bois : vous les rencontrez dans votre jardin, dans votre chambre, dans votre lit. Partout, scorpions, mille-pattes énormes, et la nuit, moustiques par millions. C'est chose magnifique que la *forêt vierge* et l'immense prairie. Mais, mes enfants, notre belle et bonne France vaut mieux que tout cela : on s'y promène et l'on y dort en paix.

Et ne croyez pas que j'exagère. Les statistiques anglaises nous disent que dans l'Inde, en 1875, 25,946 personnes ont été tuées par les serpents, et 2,275 par les animaux féroces, dont 917 par les tigres. Et cependant on avait, cette même année, détruit 23,459 bêtes féroces et 212,371 serpents, en payant pour cela 257,000 francs de primes.

Encore une fois, laissons là toutes ces bêtes fâcheuses. Voyons celles qui nous servent, ou, pour mieux dire, dont nous nous servons.

Il y a d'abord les animaux domestiques, qui nous donnent leur force, leur chair, leur peau, leurs poils, leurs plumes : mais nous les connaissons déjà. Passons aux animaux sauvages, à ceux que nous n'avons pas su encore domestiquer, ou dont la domestication est décidément impossible. Nous les poursuivons par la chasse ou par la pêche.

S'il me fallait vous parler de tous ceux que nous mangeons, je n'en finirais jamais. En général, l'homme mange tout ce qui a vie, même son semblable ! Cependant, il faut le dire, les mangeurs d'hommes, ou *anthropophages*, ont une triste réputation, et sont assez rares. On n'en trouve plus guère qu'au centre de l'Afrique et dans quelques îles de la Polynésie ; encore ces derniers ont-ils cette excuse que l'homme est le seul gros gibier qui soit à leur disposition.

Rares sont les animaux qui trouvent grâce devant l'estomac humain. Cependant les mammifères carnivores et les oiseaux de proie sont assez universellement rejetés de l'alimentation.

Mais ce sont surtout les *mammifères herbivores* à sabots et à pieds fourchus : bisons, cerfs, antilopes, etc., et les *rongeurs :* lièvres, lapins, etc., aussi en Australie les *kanguroos*, que l'homme poursuit pour en avoir la chair. Parmi les oiseaux, ce sont les *pigeons*, aux nombreuses espèces, et les *gallinacés* (c'est-à-dire voisins de la poule, *gallus*) comme les faisans, les perdrix, les cailles, les coqs de bruyère, etc. ; quelques *échassiers*, comme la bécasse

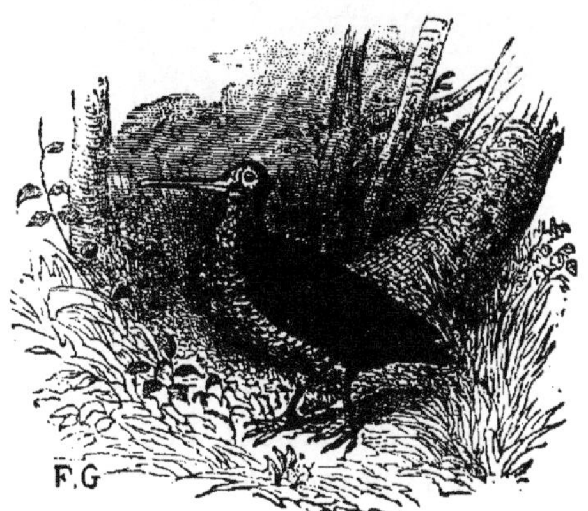

Fig. 291. — Bécasse.

(fig. 291) ; puis les *canards* et aussi de petits oiseaux voisins de notre moineau vulgaire, comme les ortolans, les becs-figues, les alouettes, etc. Tout cela donne lieu à des chasses variées dont vous lirez avec intérêt les récits dans les livres de voyages.

On ne recherche pas l'oiseau seulement, mais aussi ses

œufs. Dans les îles Farallon, près de la côte de Californie,
on recueille (fig. 292), en quantité extraordinaire, des
œufs de *pingouins* et de *goëlands ;* en une seule année on
en a vendu à San-Francisco 15,000 douzaines.

Faisons enfin une mention peu honorable pour le nid

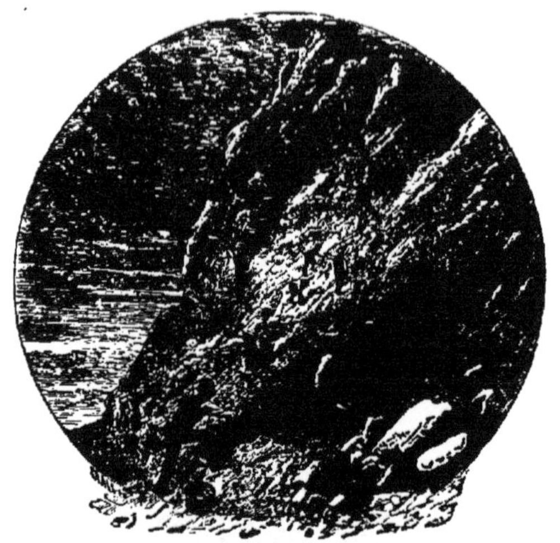

Fig. 292. — Récolte d'œufs aux îles Farallon.

d'une espèce d'hirondelle, la *salangane*, dont les Chinois
sont très friands.

Les reptiles et les batraciens n'ont pas une bonne réputation en cuisine. Cependant, çà et là, on mange volontiers
du crocodile, du lézard, du serpent. Les tortues sont plus
recherchées, surtout la grande *tortue de mer*, et l'on récolte, sur les plages sablonneuses où elle aime à pondre,
ses œufs, très estimés dans maintes contrées.

Il n'est personne d'entre vous qui n'ait mangé de *grenouilles ;* et les Mexicains estiment très fort une espèce
de batraciens, l'*axolotl* (fig. 129), qui vit dans leurs lacs et
s'est parfaitement acclimaté dans notre pays.

Les poissons constituent une source d'alimentation

des plus importantes. On mange de presque toutes les espèces, pour peu que leur taille en vaille la peine. Mais il en est qui jouent un rôle de premier ordre en matière culinaire.

Parmi les poissons d'eau douce, vous connaissez et estimez tous le *brochet*, la *perche*, les *poissons blancs*, la *carpe*, la *truite*, la *tanche*, etc.; vous savez qu'on les prend soit dans les rivières, à l'état absolument libre, soit dans les étangs, à l'état de demi-captivité. Ils ne présentent rien de bien particulier.

Les *anguilles* sont plus intéressantes. Elles pondent à la mer, vous ai-je dit. Et tout d'un coup, on voit remonter à l'embouchure de nos fleuves de petits poissons transparents, longs de cinq à six centimètres, qui grouillent par myriades, semblables à des vers, et se laissent pêcher avec des paniers : c'est la *montée*, comme on dit dans la Loire. Ces petits vers finissent par aller chacun de leur côté, remontant les rivières, les petits ruisseaux, quittant même l'eau pour ramper à l'occasion pendant des heures dans l'herbe. Ainsi se peuplent d'anguilles nos cours d'eau et nos lacs. Je vous ai dit comment, à Comacchio, on a régularisé cet état de choses.

L'histoire du *saumon* est plus curieuse encore. Lui, c'est près des sources qu'il va pondre. A la troisième année le jeune saumon descend à la mer et disparaît dans les profondeurs. Puis, à un certain moment, il reparaît à l'embouchure du fleuve où il a pris naissance, et remonte lentement jusqu'à la source, pour redescendre après avoir pondu. Son séjour dans l'eau douce est beaucoup plus long que celui dans l'eau de mer, et cependant c'est presque exclusivement à la mer qu'il augmente de poids.

On commence à régulariser avec soin la pêche des saumons, jadis livrée au hasard. D'abord, dans les rivières où existent des barrages qu'ils ne pourraient franchir, on établit des *échelles à saumon*, sortes d'escaliers qu'ils remontent facilement. Puis on finit par les rassembler dans des bassins (fig. 293) où on les pêche très facilement.

Le saumon est surtout commun dans les fleuves qui

Fig. 293. — Bassin à saumon en Ecosse.

tombent dans les mers du nord : fleuves de Norwège, d'Écosse, d'Islande. On le mange frais, salé, fumé, séché, conservé de nombreuses manières.

Un autre poisson qui remonte les grands fleuves, surtout les affluents de la Caspienne et de la mer Noire, c'est l'*esturgeon* (fig. 170). On le pêche (fig. 294) pour sa chair, pour ses œufs dont on fait le *caviar*, si recherché en Russie, pour sa *vessie natatoire*, dont on fait la *colle de poisson*. Vous connaissez bien la vessie natatoire : cette espèce de sac plein d'air que possèdent presque tous nos poissons d'eau douce, et que, sans nul doute, vous vous êtes amusés à faire éclater à grand bruit en mettant le pied dessus.

Les pêches maritimes sont bien autrement importantes que les pêches d'eau douce.

Le premier rang appartient peut-être à celle du *hareng* (fig. 295). Tous les ans, les harengs quittent par *bancs* ayant des kilomètres de longueur et des centaines de pieds d'épaisseur, et composés de millions d'individus, les pro-

Fig. 294. — Pêche à l'esturgeon sur le Volga gelé.

fondeurs de la mer, et s'approchent du rivage pour pondre. Les premiers que l'on voit se montrent dans le nord de l'Ecosse, puis il en apparaît sur les côtes d'Angleterre et un peu après sur celles de France. C'est ce qui avait fait penser que les harengs voyagent, se promenant du nord au sud en légions innombrables. Il n'en est rien : ce n'est pas le même banc qui vient d'Écosse en France, ce sont des troupes diffé-

Fig. 295. — Hareng.

rentes qui sortent des profondeurs, vont à la côte la plus voisine et retournent au large après avoir pondu.

Quand apparaît le hareng, c'est grande fête parmi les pêcheurs ; ils arment toutes leurs barques, et s'en vont sur le *banc*, tendant leurs filets verticaux qui so chargent de poissons. On les retire, on vide le poisson, on le dispose sur place dans des tonneaux, par lits qui alternent avec des couches de sel. C'est le hareng salé ; d'autres sont mangés frais, d'autres fumés (harengs *saurs*), etc.

Pendant qu'ils relèvent les filets et préparent le poisson, les pêcheurs ont à lutter contre la voracité de millions d'oiseaux de mer qui leur disputent leur proie. Ils s'élancent jusque sur le pont du bateau, poussant des cris aigus, rasant de leurs longues ailes le visage des pêcheurs, qui les abattent à coups de gaffe. Et ces ennemis aériens ne sont rien pour les pauvres harengs à côté des gros poissons et des marsouins qui les suivent, les harcèlent, les dévorent. Quiconque a assisté à ces scènes de destruction se demande comment il en peut rester assez pour que l'espèce ne disparaisse pas. Heureusement que chaque femelle contient au moins une cinquantaine de mille œufs.

La *sardine*, proche parente du hareng, se pêche dans l'Océan et la Méditerranée, par des procédés analogues, et donne en petit le même spectacle.

La pêche de la *morue* (fig. 296) occupe aussi chaque

Fig. 296. — Morue.

année des milliers de marins français, anglais, hollandais, danois, américains. Ils se rendent aux environs de l'Islande et du banc de Terre-Neuve, où ces poissons apparaissent chaque année en quantité extraordinaire. Les pêcheurs français, en 1870, en ont pris 360,000 quintaux. Vous savez que la morue ne nous donne pas seulement sa chair,

qu'on sale et qu'on fume, mais la graisse ou *huile* de son
foie, que les médecins emploient, et dont beaucoup d'entre
vous ont sans doute goûté sans grand enthousiasme.

Voilà les principales pêches, celles pour lesquelles on
arme le plus de bateaux.

En outre des poissons, on pêche encore des *crustacés*,
c'est-à-dire des *crabes* (fig. 204), des *homards*, des *langous-
tes*, des *crevettes* (fig. 297), et dans les eaux douces des
écrevisses. Mais si cela est très
intéressant pour les gour-
mets, cela est beaucoup moins
important pour nous.

J'en dirai autant des *mollusques*, depuis notre *limaçon*

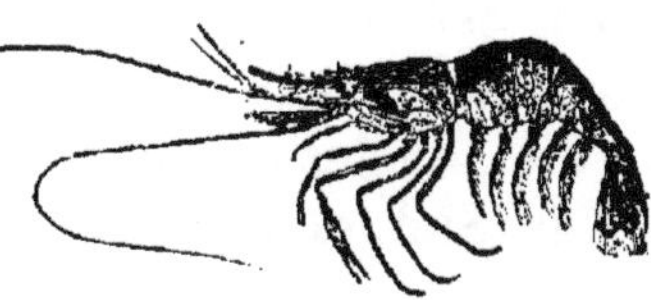

Fig. 297. — Crevette.

terrestre jusqu'aux nombreuses espèces de mollusques
sans coquille ou avec une ou deux coquilles, que l'on
mange dans tous nos ports de mer. Mais les *huîtres* méritent une mention spéciale.

Ce sont, comme vous le savez tous, des mollusques à
coquille *bivalve,* qui vivent réunis en *bancs* innombrables,
attachés sur les rochers sous-marins. A un certain moment, l'huître devient laiteuse : ce sont des myriades de
petits qui s'échappent et vont se fixer sur les rochers voisins. Il s'en perd, comme bien vous pensez, des quantités extraordinaires. Aussi a-t-on eu la bonne idée de créer
des *huîtrières* artificielles, où l'on récolte ces petites huîtres sur des fagots ou des tuiles, et où on les cultive avec
profit. Les plus importantes
de ces huîtrières sont dans le
bassin d'Arcachon, près de
Bordeaux.

Comme animaux que l'on
mange, je ne veux plus vous

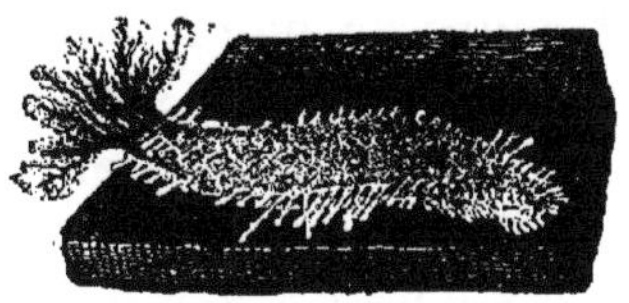

Fig. 298. — Holothurie.

parler que du *trépang*, très recherché des Chinois, et qui
n'est autre chose qu'une affreuse bête, l'*holothurie* (fig. 298),

que l'on fait dessécher. Il s'en fait une grande consommation dans l'extrême Orient.

Voilà pour les bêtes qu'on mange. Il en est d'autres
qui nous rendent un autre ordre de services. Elles ne nous
nourrissent pas, elles nous habillent. Ce sont les *animaux
à fourrures*.

Tout naturellement, ils sont originaires des pays froids,
là où il est besoin d'avoir un chaud vêtement. Ce sont
surtout des carnassiers, comme la *martre* (fig. 76), l'*hermine*, etc., ou des rongeurs, comme le *chinchilla* de l'Amé-
ique du Sud, etc.; et aussi les pauvres *phoques* (fig. 53)

Fig. 299. — Chasse aux phoques.

que l'on surprend à terre, parfois en grandes bandes, et
qu'à coups de bâton l'on massacre sans pitié (fig. 299).
Aussi les détruit-on sottement, et bientôt il n'en restera
plus; en 1870, les pêcheurs écossais en avaient tué 90,000;
eu 1872, ils n'en ont plus retrouvé que 40,000, et cela a
beaucoup baissé depuis. Il faut, mes enfants, savoir se
contenir, et ne pas sacrifier l'avenir au présent.

Il est des animaux, bien qu'en petit nombre, dont on
peut employer non seulement la peau, mais les poils,

pour tisser des étoffes. Telle la *vigogne*, tel son cousin l'*alpaca* ou *lama sauvage* (fig. 253), habitants des hautes Cordillères.

Mais tout cela, il faut bien l'avouer, c'est du luxe : nos animaux domestiques, moutons et chèvres, fournissent à nos vrais besoins sous ce rapport.

A plus forte raison considérerons-nous comme du luxe les plumes dont on se sert dans la toilette des femmes, plumes d'*autruches*, d'*oiseaux de Paradis*, et, on peut le dire, de toutes les espèces aux couleurs brillantes.

De même pour les petites plumes molles, les *duvets*, dont on fait lits de plumes, oreillers, etc. ;

Fig. 300. — Canard Eider.

le plus célèbre est celui de l'*eider* (fig. 300), espèce de canard connu dans le nord, qui fournit le véritable *edredon* (*eider*, *down*, duvet d'eider).

Il faut traiter avec plus de considération l'*ivoire* que nous fournissent les longues dents de l'*éléphant*, et aussi celles de l'*hippopotame*. L'ivoire des éléphants provient à la fois de ceux qui meurent en domesticité et de ceux qu'on chasse dans ce but dans l'Inde et en Afrique : chasse émouvante et redoutable s'il en est. La consommation annuelle de l'ivoire correspond à douze où quinze mille éléphants.

L'*écaille* nous est fournie par les tortues, et surtout par une grande espèce marine qu'on appelle le *caret* (fig. 301). C'est une sorte de peau dure transparente, qui revêt la carapace osseuse de ces bizarres reptiles.

Fig. 301. — Tortue caret.

Les mollusques à une ou deux coquilles nous donnent

encore une matière de luxe intéressante, la *nacre*. C'est
la partie intérieure de la coquille, celle qui touche au
corps de l'animal. On en fait, vous le savez, mille objets
d'agrément.

Quelquefois, sous des influences encore mal connues,
quelques morceaux de cette nacre s'isolent en petites
boules libres, transparentes. C'est ce qu'on appelle des
perles. On n'en trouve que dans les mollusques *bivalves*,
et les plus belles sont fournies par une grande *huître*
(fig. 302) qui vit dans la mer des Indes.

Fig. 302. — Huître perlière.

La pêche de ces huîtres occupe un
grand nombre de plongeurs. Ces
hommes se précipitent dans la mer,
jusqu'à 40 ou 50 mètres de profondeur, un poids aux pieds, une longue
corde à la ceinture. Ils restent sous
l'eau une ou deux minutes, ramas-
sant tout ce qu'ils voient autour d'eux. Puis, quand le
manque de respiration les fait trop souffrir, ils secouent
la corde et se font remonter à la surface. Triste métier,
souvent mortel, et auquel ne pensent pas toutes les
belles dames qui se pendent aux oreilles une perle qui
parfois a coûté la vie à un homme.

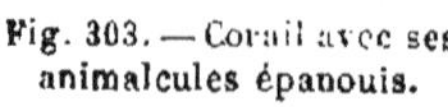

Fig. 303. — Corail avec ses
animalcules épanouis.

Mêmes procédés, et mêmes ré-
flexions pour la pêche du *corail*. Le
corail est une sorte de pierre rouge
que forment dans l'intérieur de leur
corps des myriades de petits animaux
(fig. 316) vivant en colonies (fig. 303).
On le pêche dans la Méditerranée soit
à l'aide de plongeurs, soit, quand cela
est impossible, à l'aide de *dragues* qui
raclent le fond de la mer.

Les mêmes risques sont courus,
mais cette fois dans un but utile, par les pêcheurs d'é-

ponges (fig. 304) de la Méditerranée. Les éponges sont des animaux fixés aux rochers, qui forment dans l'épaisseur de leur corps des parties un peu dures, flexibles, élastiques. On les arrache du fond de l'eau, on les expose au soleil qui fait pourrir et dessécher toute la matière animale, puis on les lave, et l'on obtient ainsi l'éponge qui nous sert à maints usages domestiques.

Nous tirons un autre genre d'avantages, mais qui sont aussi de l'ordre de l'agrément, de

Fig. 304. — Éponge.   Fig. 305. — Cochenille sur le cactus.

divers animaux qui produisent de belles couleurs.

Tel un coquillage à une valve des côtes de Syrie, qui nous donne la *pourpre*, tant aimée des anciens. Telle la *cochenille* (fig. 305), petit insecte qui vit sur un *cactus*, au Mexique, et qui fournit aussi une magnifique couleur rouge. On la cultive, et on pourrait presque la considérer comme domestiquée.

Il faut également citer ici le *noir* que forment beaucoup de mollusques analogues au fameux kraken et particulièrement la *seiche*, en latin *sepia*, d'où le nom de la couleur qu'on exploite assez en grand.

D'autres animaux nous donnent des parfums. Ils sont formés dans de petits appareils variés de forme et de place. Les plus importants sont le *castor* (fig. 122), dans l'Amérique du nord, qui donne le *castoreum ;* en Asie, le *chevrotain porte-musc* (fig 137) dont le nom indique la qualité ; la *civette* (fig. 99) en Afrique et dans l'Inde, qu'on élève dans des cages pour en extraire régulièrement le parfum recherché.

Ces produits odorants ont souvent été employés, sans grande utilité, en médecine. Il en est de même de l'*ambre gris*, substance odorante qui vient de l'estomac de mammifères marins voisins de la baleine, les *cachalots*, et est précisément formé des débris des seiches qu'ils ont mangées.

D'autres animaux sont utilisés en médecine. La *cantharide* (fig. 306), bel insecte vert doré, qui vit dans le midi de l'Europe, a des propriétés tellement irritantes que si on la réduit en poudre et qu'on l'applique sur la peau, elle y fait le même effet qu'une brûlure ; c'est avec cette poudre qu'on fabrique

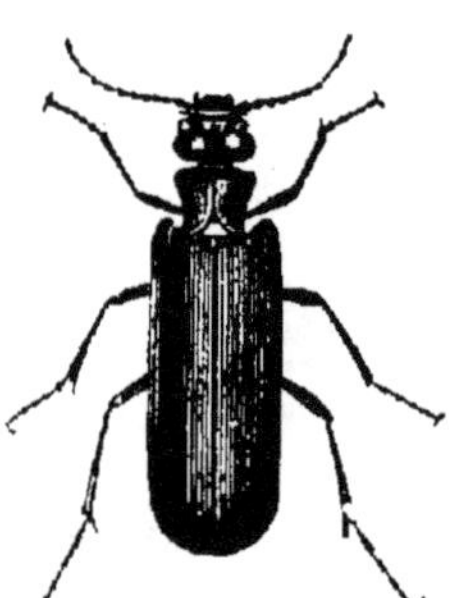

Fig. 306. — Cantharide.

Fig. 307. — Sangsue.

les *vésicatoires*. La *sangsue* (fig. 307), sorte de ver aquatique, mord la peau, avec ses mâchoires disposées en triangle, et suce une assez grande quantité de sang. Les médecins en faisaient jadis un effrayant usage, qui les a détruites dans presque tous nos marais.

Je pourrais encore vous citer, comme animaux nous rendant des services, tous ceux qui combattent et mangent les animaux qui nous sont nuisibles : ce sont des *auxiliaires*.

Ainsi fait, par exemple, le *chat*, dont le métier est de manger les rats et les souris qui nous infestent.

Beaucoup de bêtes sauvages font un office analogue, et nous débarrassent ainsi, au moins en partie, d'autres bêtes qui nous nuisent. C'est ce que font les *chouettes* (fig. 66) et les *hibous* (fig. 154), par exemple, grands dévoreurs de souris et de mulots. On les pourchasse et on a bien tort ; on les cloue sur les portes de granges, comme pour dire aux souris : Vous pouvez tout ronger tranquillement maintenant, votre ennemi est mort.

On n'est pas moins ingrat envers toutes sortes d'animaux *insectivores*, comme le *hérisson*, (fig. 148) les *chauvesouris* (fig. 59), la *taupe* (fig. 45), qui ne touche pas aux racines, quoi qu'on dise, les *musaraignes* fig. 14), les *couleuvres* et le *crapaud* (fig. 274). Je sais que celui-ci est bien laid ; mais ceux qui croient trouver là une excuse sont

d'autant plus impardonnables quand ils poursuivent et tuent tant de petits oiseaux insectivores, *rougegorges, fauvettes, mésanges,* etc., qui le plus souvent ne sont même pas bons à manger. Croiriez-vous qu'il y a des pays où l'on tue les *hirondelles*, qui mangent chacune par jour des milliers de moustiques !

Fig. 308. — **Jardinière mangeant un hanneton.**

Nous trouvons aussi des *auxiliaires* jusque chez les insectes, telle la *jardinière*, bel insecte doré qui dévore les *hannetons* (fig. 308) et autres destructeurs de plantes, etc. Mais tout cela nous mènerait à de trop longues histoires.

J'ai gardé pour la fin des animaux que nous chassons, ou si vous voulez que nous pêchons pour en tirer divers usages. Le plus important est la *baleine*, qui fournit à la fois sa graisse huileuse et les *fanons* (fig. 309) qui garnissent son énorme gueule ; puis vient le *cachalot* qui, s'il n'a pas de fanons, mais bien de vraies dents, a dans le crâne une cavité énorme où se trouve une quantité d'une matière grasse, appelée *blanc de baleine*, et utilisée dans diverses industries.

On poursuit ces malheureux animaux

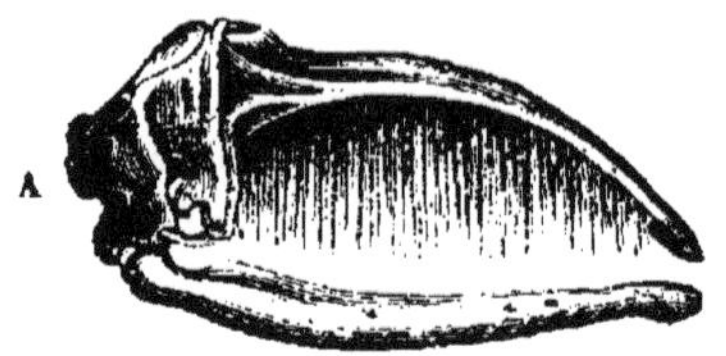

Fig. 309. — A, tête osseuse de la baleine ; B, un fanon isolé.

jusque dans les régions glaciaires. De grands navires vont à leur recherche ; et lorsqu'on en aperçoit un endormi à la surface de l'eau, une embarcation légère se détache qui va à sa rencontre. Arrivé à portée, le *harponneur* lance son arme et l'animal blessé s'enfuit, entraînant avec lui et le harpon, et la longue corde qui se déroule, et même l'embarcation. En route, il perd son sang et revient bientôt à la surface. De nouveaux harpons sont lancés, jusqu'à ce que l'animal succombe. On le dépèce alors, et l'on tire parfois 120 tonneaux d'huile d'une seule baleine.

Mais ce n'est pas sans danger qu'on harponne un si puissant animal, dont la queue peut briser aisément une embarcation. Aussi les attaque-t-on aujourd'hui soit avec des flèches empoisonnées, soit avec des balles explosibles, soit avec des fusées à crochet (fig. 310), qui se lancent de plus loin, et déterminent une mort plus prompte.

Voilà, mes enfants, la revue passée à peu près complète

de tous les animaux que nous avons su utiliser pour nos
besoins. Vous voyez que l'homme a su se rendre maître
d'un grand nombre d'êtres vivants. Mais il est encore bien

Fig. 310. — Pêche à la baleine avec les fusées harponneuses.

des ressources de cet ordre qu'il laisse perdre ou qu'il
gaspille par une destruction inintelligente. Vous aurez
occasion de réfléchir souvent là-dessus en lisant les récits
des gens qui ont voyagé soit sur terre, soit sur mer.

QUINZIÈME LEÇON

DIFFÉRENCES ENTRE LES ANIMAUX. — CLASSIFICATION.

Sommaire : Difficultés de la classification : grand nombre d'espèces ;
fausses apparences : la baleine n'est pas un poisson. Animaux à
sang chaud et à sang froid. — Classification résumée. Vertébrés :
mammifères, oiseaux, reptiles, batraciens, poissons. Annelés : insectes, myriapodes, arachnides, crustacés, annélides . Mollusques :
pieuvres, univalves, bivalves. Zoophytes : oursins, méduses, polypiers, hydres. Infusoires. Spongiaires.

J'espère qu'en voilà des histoires d'animaux, grands et
petits, terrestres et aquatiques, utiles et nuisibles ! Je
vous ai dit je ne sais combien de noms, par centaines. Et
pourtant nous sommes bien loin de compte, à côté de
tout ce qui existe réellement. C'est par centaines de mille
que les zoologistes énumèrent les espèces animales.

Comment faire pour mettre un peu d'ordre dans cette
foule immense ? Comment rapprocher ceux qui se ressemblent, éloigner l'un de l'autre ceux qui diffèrent? Car
cela est nécessaire; nous ne pourrions jamais sans cela
nous y reconnaître.

Voyons, je suppose qu'ils soient tous là devant nous, au
milieu de la plaine, et que nous ayons le pouvoir de nous
en faire obéir. Comment leur commanderez-vous de se
ranger?

J'en entends un qui dit : Nous ferons mettre tous les
gros ensemble, et puis les moyens, et puis les petits, et
puis les tout petits.

Bien ! Mais croyez-vous que cela sera bien arrangé comme cela ? Croyez-vous que la baleine, l'éléphant, le crocodile, le requin, qui seraient placés à côté l'un de l'autre, se ressemblent beaucoup ? Et aussi, dans un autre endroit, le moineau, la souris, la grenouille, le lézard, le goujon ? Est-ce que le crocodile n'est pas plus voisin du lézard que de l'éléphant : c'est vraiment, et tout simplement, un lézard très gros. Allons, votre manière de distribuer les animaux par la taille ne vaut pas grand' chose : elle éloigne ceux qui se ressemblent et rapproche ceux qui diffèrent. Il faut chercher autre chose.

Ah ! voilà Pierre qui dit qu'il faut ordonner à tous les animaux qui ont des plumes de se mettre à côté l'un de l'autre ; et alors on les appellera des *oiseaux*. — Ça, c'est très bien. Et comme il y a bien une douzaine de mille d'espèces d'oiseaux, nous voilà déjà soulagés d'une bonne partie de notre besogne. Bon! tous les oiseaux là-bas dans le coin.

— Et après ?

— Après? Pierre a encore raison ; nous mettrons à part tous les animaux qui ont du poil. Et comme nous sommes déjà savants, que nous avons appris qu'ils ont tous du lait, nous les appellerons des *mammifères*. Et de deux.

Et puis, toujours pour la même raison, et de la même manière, nous allons mettre de côté toutes les bêtes qui ont des *écailles*, tous les *poissons*.

Et les serpents, dites-vous. — Non pas, car les serpents n'ont pas d'écailles. Cela vous étonne? Mais c'est pourtant la vérité ; et les lézards non plus. Ah ! ils en ont l'air, c'est vrai, mais non la réalité.

Tenez, voici une petite carpe. Voyez, je lui enlève ses écailles, une par une, comme si je plumais un oiseau ou si j'arrachais les poils de ma barbe. Mais regardez cette couleuvre. Voilà bien des espèces de bosses qui ressemblent à des écailles; mais il n'y a pas moyen de les arracher : elles tiennent à la peau, ou plutôt c'est la peau elle-même qui se renfle et se soulève régulièrement. Vouloir les arracher, c'est comme si on essayait de s'arracher un bouton sur la peau : l'écorcher, oui; l'arracher, non.

Si vous voulez, pour faire plaisir à tout le monde, nous les appellerons de *fausses écailles*. Et tous ceux qui ont cet aspect de la peau, nous les ferons encore mettre à part, sous le nom de *reptiles*.

Tout cela ne nous avance guère. Voyez cette masse grouillante de petits animaux qui courent, sautent, nagent, volent. Il y a là des hannetons, des sauterelles, des punaises, des demoiselles, des papillons, des perce-oreilles (fig. 311), des fourmis, des puces, des abeilles, des cerfs-volants, des courtillères , des bourdons, des mouches, que sais-je? Ils sont près de deux cent mille , chacun représentant une espèce. Mais regardez-les de près; nous les connaissons déjà. Voyez, ils ont tous six pattes, ce sont des *insectes*.

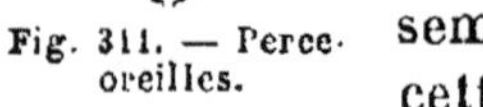

Fig. 311. — Perce-oreilles.

Ils vont aller se mettre là-bas tous ensemble, et nous voilà bien débarrassés cette fois. Envoyons à côté d'eux, pour leur tenir compagnie, les *araignées* sur leurs huit pattes.

Voici maintenant toute une armée qui s'avance en montrant les cornes, avec une coquille sur le dos, comme une hotte enroulée en spirale. Ce sont les limaçons (fig. 312) et toute la masse de leurs parents plus ou moins éloignés. Voilà encore une catégorie de classée à part, ce sont les *univalves*.

A côté, les *bivalves*, qu'il faudra laisser en place, car ils ne remuent guère, et même pour la plupart sont,

Fig. 312. — Limace des étangs
(limnée).

Fig. 313. — Mollusques bivalves dans
leurs trous (pholades).

comme les huîtres, attachés aux rochers (fig. 313).

Ce n'est pas fini. Mais je vois que Paul a des observations à faire. Est-ce que vous n'êtes pas content, mon enfant, de ce que nous avons fait jusqu'ici? — Non, monsieur.

— Ah! et qu'est-ce que vous trouvez à redire?

— Monsieur, vous avez mis les papillons très loin des oiseaux, et à côté des punaises, parce qu'ils ont six pattes. Moi, je trouve qu'un oiseau-mouche ressemble bien plus à un papillon qu'un papillon à une punaise; tous deux volent et ont de jolies couleurs, pendant qu'une punaise ça ne sait que courir et piquer les gens. Voilà mon opinion.

— Voyez-vous, le raisonneur! Mais est-ce tout ce qui vous choque? parlez franchement.

— Eh bien, monsieur, vous avez mis la baleine à côté des chiens et des chevaux, parce qu'elle a des poils. Mais ces bêtes-là ont quatre pattes, et elle a seulement deux nageoires, comme un poisson. Moi, ça m'est égal qu'elle n'ait pas d'écailles : je la mettrais dans les poissons.

— Fort bien ! Et puis encore ?

— Et puis il y a les chauves-souris, qui volent comme des Oiseaux. Moi, je les mettrais dans les Oiseaux, plutôt qu'à côté des bœufs ou des ours.

— Allons, mon enfant, je vois que vous êtes curieux et que vous raisonnez, au lieu d'apprendre par cœur et sans réflexion ce qu'on vous dit. C'est très bien. Laissez-moi vous répondre à mon tour.

La première fois que nous avons causé des animaux, je vous ai demandé ce qui arriverait si nous laissions là ce serin dans sa cage pendant une année sans manger ? Vous m'avez répondu : au bout de l'année, il n'en restera plus que les plumes et les os ; tout le reste aura pourri, sera séché, aura disparu.

Bien. Et si, au lieu d'un serin, il y avait eu dans la cage une souris, que serait-il resté ? — Des poils et des os.

Et un lézard ? — Des débris de peau et des os.

Et le poisson rouge, si j'ôte son eau ? — Des écailles et des os.

Voilà qui va bien. Ainsi, tous ces animaux-là ont, dans l'intérieur de leur corps, des os. La chauve-souris (fig. 314) en a, la baleine aussi, et tous les mammifères, tous les poissons, tous les reptiles, tous les oiseaux : ce sont des animaux à *os*.

Fig. 314. — Squelette de chauve-souris.

Je veux encore vous dire autre chose. Si vous vous piquez le bout du doigt avec une épingle, il en sort une goutte rouge : c'est du *sang*, et nous avons vu que ce sang est composé d'un liquide jaunâtre, dans lequel flottent des masses de petits corps rouges (fig. 37).

Piquez la patte du serin, du chien, la nageoire du

poisson, vous obtiendrez une gouttelette semblable. Tous ces animaux, et tous les autres animaux qui ont des os, ont en même temps du sang, du *vrai sang rouge*.

Examinez maintenant votre papillon, que vous voulez mettre à côté des Oiseaux. A-t-il des os ? Non. A-t-il du sang rouge ? Pas davantage. De même pour la punaise.

Prenez cette loupe, et regardez la punaise (fig. 265) à côté du papillon. Voyez, comme lui elle a six pattes, comme lui un corps divisé en trois parties : une tête, un corselet, un abdomen. Regardez la tête de plus près. Voyez-vous, chez le papillon comme chez la punaise, ces gros yeux qui sont taillés à facettes comme des diamants ? Il est vrai que cette punaise, qui est la punaise des lits, n'a pas d'ailes. Mais en voici une autre espèce voisine, qui en a, et même quatre, comme le papillon (fig. 315).

Vous voyez donc que nous aurions le plus grand tort de transporter le papillon vers les Oiseaux et de l'éloigner de la punaise.

Fig. 315. — Punaise des bois.

Maintenant, la chauve-souris. Ce n'est pas non plus un Oiseau. Elle vole, c'est vrai ; mais son aile est très différente de celle de l'Oiseau, nous avons déjà vu cela. Elle a du poil, non des plumes. Elle ne pond pas d'œufs et donne à téter à ses petits ; c'est bien un mammifère.

C'est un mammifère aussi que la Baleine, et non un poisson. Les pêcheurs l'ont vue souvent allaitant son petit. Les deux pattes de devant, les seules qu'elle possède, sont aplaties en nageoires, cela est vrai ; mais le phoque aussi a des nageoires (fig. 53), et personne ne dira que c'est un poisson. Quant à la nageoire qu'elle a au bout de la queue, elle ne ressemble pas à celle des poissons : elle est en travers, horizontale, au lieu d'être verticale (fig. 1).

Mais puisque nous sommes en train de si bien raisonner, allons un peu plus loin : il n'en coûte pas davantage.

Il n'est pas un de vous qui n'ait pris dans sa main ou un poisson, ou une grenouille, ou un lézard. Qu'avez-vous ressenti aussitôt ? Une impression de froid, n'est-ce pas ? Les vers de terre, les limaces, les chenilles, vous l'ont également donnée. Qu'est-ce que cela veut dire ? Que la température de leur corps est plus basse que celle de la vôtre. On les appelle pour cette raison des *animaux à sang froid*.

Mais si vous mettez la main sur un oiseau, ou sur un mammifère quelconque, vous ne sentez pas de différence notable de température. Ce sont, comme vous l'êtes vous-même, des *animaux à sang chaud*.

Les animaux à sang froid sont comme des pierres ou des morceaux de bois; ils ont juste la température de l'air ou de l'eau qui les entourent. Les animaux à sang chaud ont, au contraire, une température constante, toujours la même. Cela est bien curieux, allez ! L'ours blanc des régions polaires, le gorille sous l'équateur, ont la même température. Le même homme, soumis alternativement au Spitzberg à des froids de 60° au-dessous de zéro, au Gabon à des chaleurs de 50° au-dessus, n'en est lui, ni plus chaud ni plus froid : il conserve toujours sa température intérieure de 39° au-dessus de zéro.

Comment cela se peut-il faire ? Nous l'apprendrons plus tard, quand vous saurez assez de physique et de chimie pour le comprendre. Je ne puis aujourd'hui que vous l'affirmer.

Et je vous affirme de même que la baleine est un animal à sang chaud, tandis que tous les poissons ont le sang froid. Vous voyez bien que la baleine ne peut pas être rangée parmi les poissons.

Ainsi, mes enfants, ce n'est pas une chose commode que de mettre en ordre les animaux, en les plaçant à côté les uns des autres suivant leurs rapports de ressemblance, de faire, comme on dit, une *classification*.

N'essayons donc pas davantage d'en inventer une, et voyons rapidement celle à laquelle les savants sont arrivés.

Ils ont d'abord fait une grande catégorie pour les animaux qui ont du sang rouge et des os, un *squelette*, comme on dit d'ordinaire. Ils leur ont donné le nom d'*animaux vertébrés*, et voici pourquoi.

Le squelette d'un animal à os quelconque est composé de trois parties : les os des membres, les os du corps, les os de la tête (fig. 101).

Quand les membres manquent, comme chez les serpents et certains poissons, il n'y a plus, naturellement, que les os de la tête et ceux du corps. Ceux-ci sont placés en série bout à bout à la suite les uns des autres, comme les grains d'un chapelet. On les appelle des *vertèbres*, et leur réunion se nomme la *colonne vertébrale*. A la partie moyenne du corps, chaque vertèbre porte deux *côtes*, l'une à droite, l'autre à gauche.

Tel est, en deux mots, le squelette de tous les vertébrés, si différent qu'il soit en apparence, lorsque l'on considère les mammifères, les oiseaux, les reptiles ou les poissons.

Voilà pour le premier groupe, les VERTÉBRÉS.

Après eux, on a placé tous les animaux dont le corps semble composé d'espèces d'anneaux placés à la file les uns des autres, anneaux qui, chez les uns, se ressemblent beaucoup, chez d'autres diffèrent assez notablement. Voyez ce mille-pattes (fig. 69), ou la queue de ce scorpion (fig. 277) : vous reconnaissez facilement ces anneaux successifs. On a ainsi formé le groupe des animaux ANNELÉS, qui, outre leurs anneaux, ont le plus souvent la peau dure, comme un hanneton, ou une écrevisse.

Mais voici au contraire des animaux ayant la peau molle.

12.

le corps mou, et qu'on appelle pour cette raison des MOL-
LUSQUES. Un grand nombre, pour se protéger, s'enve-
loppent plus ou moins complètement dans des *coquilles*
qui tiennent à leur peau.

Viennent enfin des animaux bien plus bizarres, qui ont
souvent l'apparence de fleurs, d'où le nom de ZOOPHYTES
(qui veut dire animaux-plantes) qu'on leur a donné, et
aussi celui d'ANIMAUX RAYONNÉS (fig. 316).

Fig. 316. — Polype du corail (grossi).

Voilà quatre grands groupes
entre lesquels se répartissent,
par nombres inégaux , toutes
les espèces animales. Le plus
riche en espèces, à coup sûr,
est celui des Annelés, où se
trouvent les légions innombrables des Insectes.

Mais nous pouvons aller un
peu plus loin dans notre étude
de la classification. Et cela va
vous mettre en ordre dans l'es-
prit tous les animaux dont nous avons parlé, en parcou-
rant toutes les parties du monde.

Les VERTÉBRÉS, nous savons déjà comment ils se divisent : il y a les Mammifères, les Oiseaux, les Reptiles, les
Batraciens et les Poissons.

Les **Mammifères** ont tous du poil, presque tous des
dents, et nourrissent leurs petits avec du lait; ce sont des
animaux à sang chaud; enfin ils respirent tous l'air en
nature, alors même qu'ils vivent habituellement dans
l'eau, comme les baleines : nous savons déjà tout cela.

On distingue parmi les Mammifères :

1° L'*Homme*, blanc, jaune, noir, etc. (fig. 179, 180, 181).

2° Les *Singes :* en tête, le gorille (fig. 92) et le chimpanzé (fig. 93) d'Afrique, l'orang-outang (fig. 135) et les gibbons d'Asie; puis, toute la foule des singes vulgaires : singes d'Amérique, habiles à se suspendre aux branches par la queue (fig. 113), cynocéphales (fig. 94) et magots d'Afrique (fig 95), foule grouillante des petits singes dans toutes les forêts des régions intertropicales. A Madagascar, les makis (fig. 317), voisins des vrais singes. Dans l'Amérique du Sud, les ouistitis (fig 114).

Fig. 317. — Maki avec son
petit.

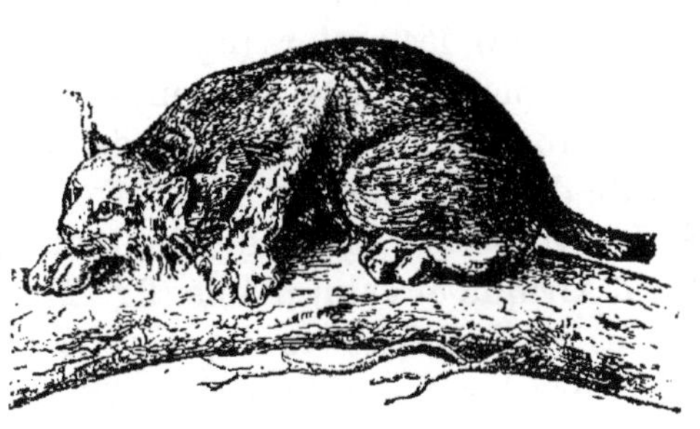

Fig. 318. — Lynx.

3° Les *Chauves-souris*, avec leurs bras transformés en ailes (fig. 314).

4° Les *Carnivores*, aux fortes dents, aux griffes redoutables, dont les mieux organisés pour la guerre sont les chats (lion (fig. 96), tigre (fig. 258), léopard, panthère (fig. 97), lynx (fig. 318), chat, etc.), les chiens (loup, chacal, renard (fig. 150), etc.), les hyènes (fig. 98), les ours (fig. 149), les blaireaux, les loutres (fig. 151), les martres (fouine, martre (fig. 76), putois, hermine, belette (fig. 256), etc.).

5° Les *Phoques*, qui sont des carnivores organisés pour la vie aquatique : on y distingue le morse (fig. 72) des mers du Nord, et les phoques (fig. 53), très nombreux en espèces dans toutes les mers du globe.

6° Les *Insectivores*, qui ont de petites dents aiguës et broient les carapaces d'insectes : ils nous rendent, par suite, beaucoup de services. Les plus connus sont les hérissons (fig. 148), les taupes (fig. 45) et les musaraignes (fig. 14).

7° Les *Rongeurs*, qui ont sur le devant de la bouche de longues dents, capables de ronger. Là se placent les écureuils (fig 44), les marmottes (fig. 144) qui s'endorment l'hiver dans leurs trous, les rats (rat, surmulot, souris, mulot), les loirs (lérot (fig. 145), loirs), les lapins (lièvre, lapin (fig. 262), les castors (fig. 122) à la queue écailleuse, les porcs-épics (fig. 104) aux longs piquants, les gerboises (fig 46) aux longues pattes de derrière, et une grande quantité d'autres espèces.

8° Les *Éléphants*, qui ne comptent que deux espèces : celui d'Afrique et celui d'Asie (fig. 2).

9° Les *Pachydermes* (mot qui veut dire peau épaisse), c'est-à-dire les rhinocéros (fig. 136), les tapirs (fig. 117), les hippopotames (fig. 100), les sangliers (fig. 124).

10° Les *Chevaux :* chevaux rayés d'Afrique (zèbre, dauw (fig. 103), chevaux non rayés d'Asie (cheval, hémione, âne, etc.).

11° Les *Ruminants*. Avez-vous jamais examiné une vache couchée et paraissant dormir ? Regardez-la de près, vous verrez qu'elle mâchonne continuellement quelque chose, en faisant aller sa mâchoire inférieure tantôt à droite, tantôt à gauche : elle *rumine*, comme on dit. Ce qu'elle mange ainsi, c'est l'herbe qu'elle a rapidement avalée quelque temps auparavant. Une disposition très curieuse de son estomac lui permet de faire remonter dans sa bouche, par petits fragments, cette herbe si rapidement emmagasinée. Elle la triture alors à son aise, ce qui la rendra plus facile à digérer, et l'avale de nouveau. Cela est joliment commode pour des animaux peureux, comme sont presque tous les Ruminants, d'avoir ainsi

une sorte de garde-manger intérieur, que l'on remplit à
la hâte, et qu'on utilise ensuite tranquillement à l'abri.

Il y a des ruminants qui ont sur la tête des *cornes*
qu'on appelle *creuses*, parce qu'elles sont composées d'un
étui corné enveloppant un noyau osseux. Les plus connus

Fig. 319. — Cornes de chèvre.

Fig. 320. — Bois de cerf.

sont les bœufs, les moutons, les chèvres (fig. 319), les
gazelles (fig. 102), chamois et autres antilopes.

D'autres ruminants ont des *cornes pleines* ou *bois* (fig. 320).
Ce sont des os plus ou moins ramifiés, qui, chaque
année, leur poussent sur le front, et chaque année
tombent. Les femelles n'en ont jamais, sauf celle du
renne. Je vous citerai dans ce groupe le renne (fig. 78),
l'élan (fig. 116), les cerfs très nombreux en espèces (cerf
(fig. 141), chevreuil (fig. 43), daim, etc.).

Il est un ruminant dont les bois ne percent pas la peau :
c'est la girafe (fig. 4). Il en est d'autres enfin, les chevro-
tains (porte-musc (fig. 137), etc.) qui n'ont au front aucune saillie osseuse.

12° Les *Chameaux*, qui ruminent aussi, mais ont mérité
une place à part : dromadaire (fig. 101), chameau à deux
bosses (fig. 250), lamas (fig. 253), américains (lama, al-
paga, vigogne).

13° Les *Edentés*, qu'il vaudrait mieux nommer *mal-
dentés*, ont peu ou point de dents. Ce sont tous des animaux fort bizarres soit par leurs allures, comme les

paresseux (fig. 118), soit par leurs formes, comme le fourmilier américain (fig. 119), l'oryctérope africain (fig. 106), soit par les écailles bizarres dont ils sont revêtus, comme les tatous (fig. 120) et les pangolins (fig. 105).

Les **édentés** actuels sont d'assez petite taille, sauf le fourmilier. Mais il existait dans l'Amérique du Sud, pen-

Fig. 321. — Lamantins:

dant les époques géologiques, des édentés aussi grands que l'éléphant.

14° Les *Marsupiaux*, ou animaux à *poche*, qui tous, nous le savons déjà, sauf la sarigue américaine (fig. 123), habitent l'Australie; il y en a de carnivores, d'insectivores, d'herbivores. Je vous ai déjà parlé des sarigues, des kan-

guroos (fig. 131), des ornithorhynques (fig. 132), des échid-
nés (fig. 133), etc.

15° Les *Cétacés*, ou mammifères à deux pattes qui vivent
toujours dans l'eau.

Les uns sont herbivores, et n'ayant pas d'*évents*, ne peuvent lancer l'eau comme font les baleines et les marsouins.
Tels sont les lamantins (fig. 321) des parties chaudes de
l'océan Atlantique, le dugong de l'océan Indien.

Les autres sont carnivores, ou mieux piscivores, mangeurs
de poissons. Ils sont pour cela armés de dents aiguës. Ce
sont les dauphins (fig. 73), les marsouins, le narval (fig. 74),
l'énorme cachalot, qui devient plus grand que la baleine.

Enfin les baleines (baleine (fig. 1), rorqual de la Méditerranée, etc.), qui ont à la place de dents, des *fanons*
élastiques, attachés à la mâchoire supérieure, qui leur
servent à filtrer l'eau de mer et à retenir les myriades
de petits animaux dont elles font leur proie (fig. 309).

Voilà pour les mammifères ; passons aux oiseaux.

Les **Oiseaux** ont la peau revêtue de plumes ; presque
tous volent avec des ailes emplumées. Ils ont un bec
corné. Ce sont des animaux à sang chaud, qui respirent
l'air, comme les mammifères. Enfin ils pondent des œufs
revêtus d'une coquille calcaire, et, pour
la plupart, les couvent dans des nids.

On peut diviser les oiseaux ainsi :

1° *Oiseaux de proie*, qui ont le bec
crochu, les doigts armés de fortes
griffes, qu'on nomme des *serres* (fig. 322),
ils font leur proie d'oiseaux, de mammifères, de reptiles, quelques uns
même de poissons, chacun suivant sa
taille.

Fig. 322. — Tête et serres
de l'aigle.

Les uns sont *diurnes*, comme les aigles
(fig. 152), les faucons, les vautours (fig. 109), les buses, les

milans (fig. 153), etc., les autres *nocturnes*, comme les hiboux, les ducs (fig. 154), les chouettes (fig. 66).

2° *Perroquets*, si curieux avec leur gros bec, leur langue grasse et leur remarquable intelligence. Il y a des aras (fig. 127), **des kakatoès** (fig. 86), des perruches, etc.

3° *Pigeons.*

4° *Gallinacés*, c'est-à-dire voisins de la poule : les faisans (fig. 241), les paons, les perdrix, la pintade (fig. 240), etc.

5° *Échassiers*, aux longues jambes nues, qui les font paraître montés sur des échasses ; disposition qu'ils utilisent pour pêcher tranquillement les pieds dans l'eau ou dans la vase. Ce sont pour la plupart des oiseaux de marais ou de rivages, et qui ont, en même temps que de longs pieds, un très long cou souvent terminé par un long bec, afin de pouvoir pêcher sans se baisser. Ce sont les cigognes, les hérons (fig. 161), les grues (fig. 160), les bécasses, le flamant (fig. 107), les poules d'eau, les outardes (fig. 159), l'échasse par excellence (fig. 162), etc.

6° *Autruches*, qui ne volent pas, et comprennent l'autruche d'Afrique (fig. 5), le nandou d'Amérique (fig. 125), le casoar d'Australie, le casoar à casque (fig. 138) des grandes îles de la Sonde. On place près d'elles l'aptéryx de la Nouvelle-Zélande (fig. 57).

7° *Palmipèdes*, oiseaux dont les doigts sont *palmés* (fig. 323), c'est-à-dire réunis par une membrane. Ce sont d'excellents nageurs, tels que les canards, les oies, les plongeons, les grèbes (fig. 164), etc. Quelques-uns volent admirablement comme les albatros (fig. 8),

Fig. 323. — Pied palmé.

la frégate (fig. 56), les goëlands (fig. 79), les oiseaux des tempêtes, etc. D'autres, au contraire, ne peuvent voler, ainsi que je vous l'ai dit : ce sont, dans les mers glaciales du Nord, les pingouins (fig. 58), dans celles du Sud les manchots (fig. 84).

Après les oiseaux, les **Reptiles**. Ce sont des vertébrés à fausses écailles, respirant l'air en nature, ayant le sang froid, et pondant des œufs sans coquille calcaire qu'ils ne couvent jamais, sauf une espèce de python :

1° Les *Tortues* sont comme enfermées dans une boîte qui est formée par l'élargissement de leurs côtes (fig. 324). Les unes vivent à terre (fig. 165) et sont très bombées : on peut marcher dessus sans les écraser ; d'autres sont aquatiques, et ont la *carapace* aplatie (fig. 301), ce qui leur permet de fendre l'eau bien plus rapidement, avec les pattes transformées en nageoires.

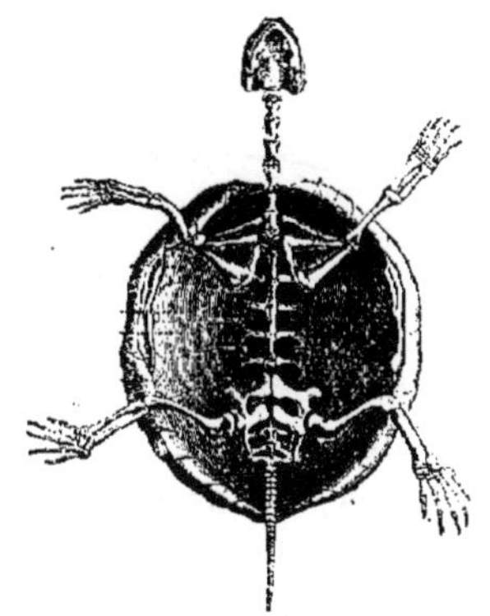

Fig. 324 — Squelette de tortue.

2° Les *Lézards* sont bien connus de vous tous. Nous avons parlé des crocodiles (fig. 111), des lézards (fig. 42), des geckos (fig. 166), des dragons (fig. 64), des caméléons (fig. 167). Il est, vous le savez, une espèce de caméléon extrêmement curieuse qui habite tout le tour de la Méditerranée. Quand on irrite cet animal, sa peau change de couleur ; il peut ainsi devenir gris, vert-pomme, noir, jaunâtre, rougeâtre.

Certains lézards ont les pattes très courtes, ou même cachées sous la peau comme notre orvet. Ils sont ainsi très voisins des *Serpents*, reptiles sans pattes.

3° Nous avons vu qu'il y a des serpents venimeux : vipères, crotales (fig. 272), najas (fig. 271), etc. ; et des serpents sans venin : boa (fig. 9), pythons, couleuvres, etc.

On confond souvent avec les reptiles les **Batraciens**

(du nom grec de la grenouille, *batrachos*). Mais il faut les
en distinguer. Ceux-ci ont en effet la peau nue, et subis-
sent des métamorphoses dont je vous ai parlé. Celle de la
grenouille sont les plus complètes (fig. 193). Le têtard respire l'air dissous dans l'eau, la grenouille l'air en nature.

Il y a des batraciens qui perdent leur queue à l'âge
adulte, comme les grenouilles, les crapauds (fig. 274), les
rainettes (fig. 168). D'autres la conservent, comme les salamandres terrestres (fig. 169) ou aquatiques (fig. 325). Il

Fig. 325. — Salamandre aquatique ou triton.

en est enfin qui ont toute leur vie une respiration aquatique, au moyen de branchies visibles à l'extérieur ; tels
les protées, les axolotls (fig. 129).

Les batraciens forment une transition naturelle des
reptiles aux poissons.

Les **Poissons** ont de vraies écailles, le sang froid, et
pondent des œufs. Mais ils ne présentent pas de métamorphoses, et, pendant
toute leur vie, res-
pirent à l'aide de
branchies l'air dis-
sous dans l'eau.

Ils se meuvent au
moyen de nageoires
(fig. 326) dont les unes

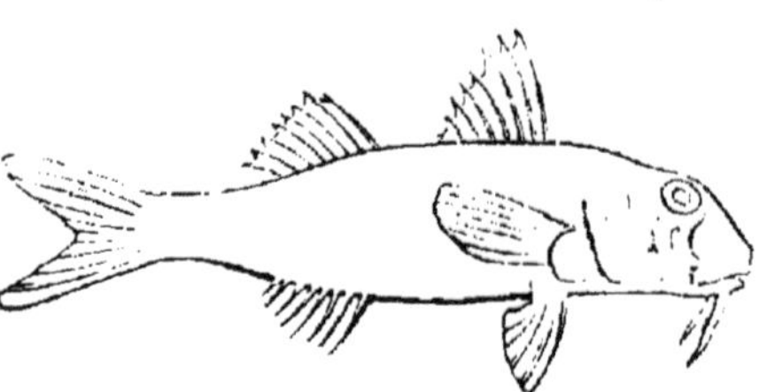

Fig. 326. — Nageoires d'un poisson (le rouget).

sont paires, et représentent les bras et les jambes de la
bête, les autres sont impaires et portent suivant leur
place les noms de dorsale, caudale, anale.

Les poissons sont très nombreux en espèces, et très variés de forme. Aussi leur classification est-elle très difficile :

1° Il y en a beaucoup dont la nageoire dorsale est garnie d'*épines* (fig. 327) : tels sont les perches, les maquereaux, les thons (fig.222) les espadons (fig. 328), les rougets, etc... Dans cette catégorie sont plus de la moitié des poissons connus.

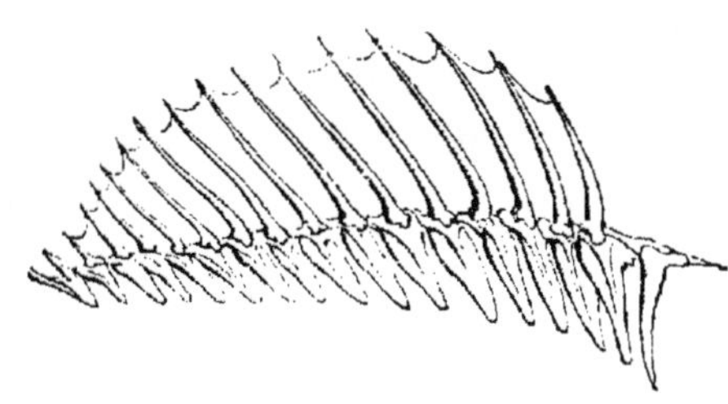

Fig. 327. — Nageoire dorsale épineuse.

2° D'autres ont la nageoire dorsale *molle* (fig. 329). Tels

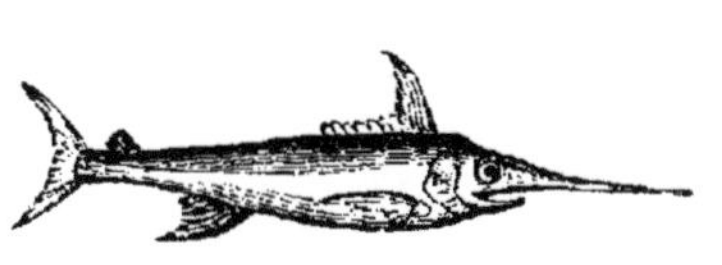

Fig. 328. — Espadon.

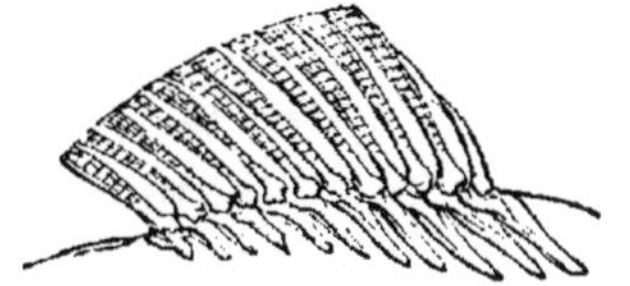

Fig. 329. — Nageoire dorsale molle.

sont les brochets (fig.125), carpes, lottes (fig. 17.), saumons, truites, harengs (fig. 295), aloses (fig. 171), morues, etc.

3° Il en est de tout plats, qui sont bien curieux par ceci que leurs deux yeux sont du même côté du corps. Le côté sans yeux est tout blanc, et reste toujours appliqué sur le sable. Ce sont les soles, plies (fig. 330), turbots (fig. 51, C), barbues, etc.

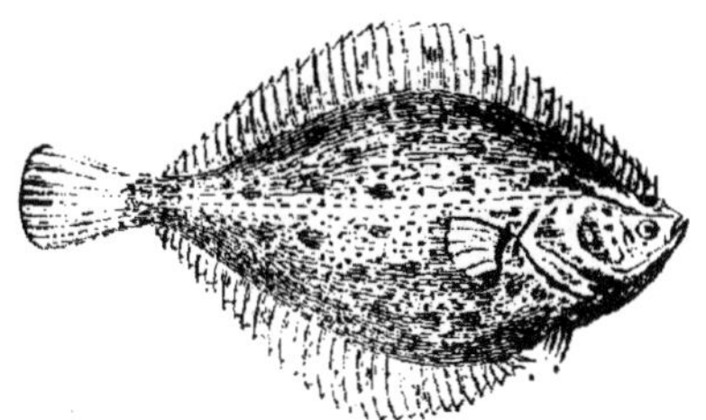

Fig. 330. — Plie.

4° Il y a des poissons dont le corps allongé ressemble à un serpent, et qui n'ont qu'une paire de membres. Ce sont les *anguilles* : anguilles d'eau douce (fig. 50), congre marin, gymnote électrique des marais de l'Amérique du Sud, etc.

5° D'autres poissons bien singuliers ont le corps enveloppé comme dans une boîte, d'où leur nom de *poissons-coffre* (fig. 51, B) : à côté d'eux se placent le *cheval marin*

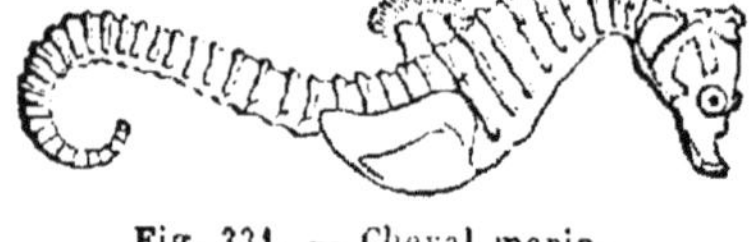

Fig. 331. — Cheval marin.

(fig. 331) et d'autres êtres bizarres.

Tous ces poissons ont un squelette vraiment osseux et dur. En outre des os du squelette, ils ont aussi, surtout les poissons d'eau douce, de petits os supplémentaires nombreux, semblables à des aiguilles, et qu'on appelle des *arêtes*.

En sens inverse, il est des poissons dont le squelette est resté dans l'état dont je vous ai parlé (p. 97), état mou, *cartilagineux*.

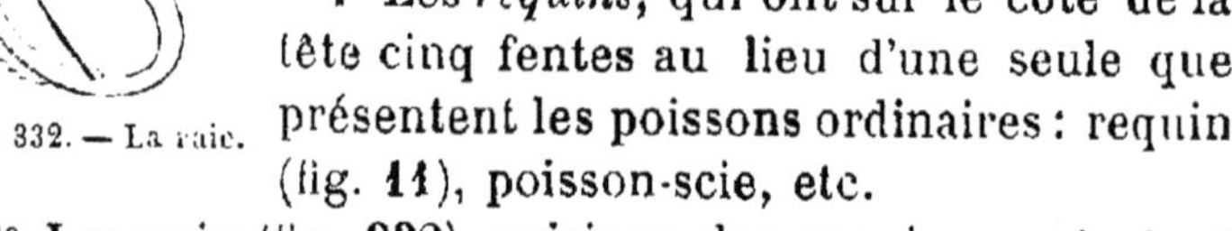

Fig. 332. — La raie.

Tels sont :

6° Les *esturgeons*, curieux par leur bouche sans dents et les plaques osseuses de leur corps (fig. 170).

7° Les *requins*, qui ont sur le côté de la tête cinq fentes au lieu d'une seule que présentent les poissons ordinaires : requin (fig. 11), poisson-scie, etc.

8° Les *raies* (fig. 332), voisines des requins, mais dont le corps est aplati. Parmi elles il faut citer la torpille (fig. 51, D), commune dans la Méditerranée et le bassin d'Arcachon, et qui donne de si fortes commotions électriques.

9° Les *lamproies* (fig. 51, A), qui n'ont pas de nageoires, et dont la bouche est une sorte de ventouse, de suçoir garni de dents (fig. 173).

J'en ai fini avec les vertébrés. J'irai beaucoup plus vite pour les autres animaux.

On a divisé les ANNELÉS en *insectes, mille-pattes, araignées, crustacés, vers.*

Les **Insectes** ont six pattes, comme je vous l'ai dit (fig. 41), et le **corps** composé de trois parties : *tête, corselet, abdomen* (fig. 333).

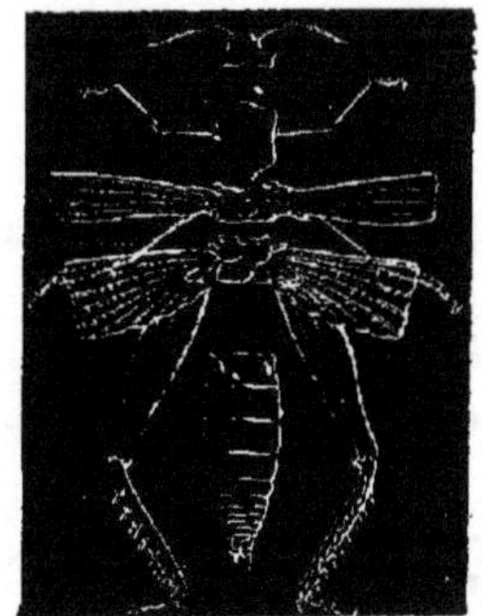

Sur la tête, on voit deux espèces de cornes nommées *antennes ;* à côté, deux yeux taillés à facettes. Le corselet porte les trois paires de pattes, et souvent une ou deux paires d'ailes. L'abdomen n'a pas d'*appendices.* Beaucoup, comme nous le savons déjà, ont des métamorphoses.

Fig. 333. — Insecte divisé en plusieurs parties.

Il y a un nombre extraordinaire d'insectes, d'où est résultée une classification très détaillée. Nous nous bornerons à distinguer :

1° Les *scarabées*, qui ont quatre ailes dont celles de dessus sont très dures ; ce sont les plus nombreux. Il y en a d'herbivores comme les hannetons (fig. 199), les cerfs-volants (fig. 41, E); de carnivores comme la jardinière, ou carabe doré (fig. 308).

2° Les *sauterelles*, et leurs voisins les grillons, courtillières (fig. 282), perce-oreilles (fig. 314), blattes, etc. Il y a dans ce groupe d'herbivores des insectes très bizarres de formes (fig. 90)

3° Les *libellules* com-

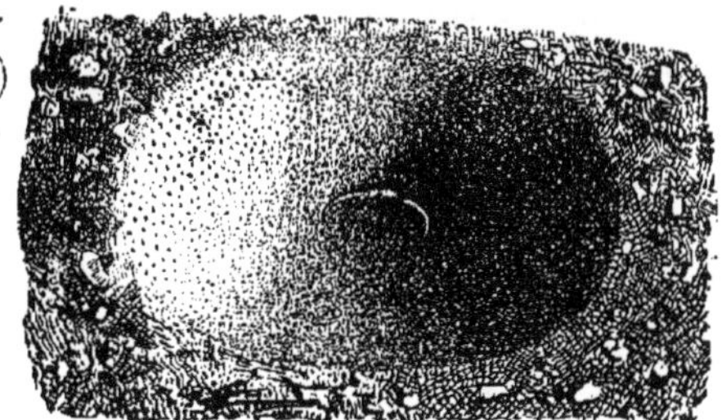

Fig. 334. — Fourmi-lion.   Fig. 335. — Piège de la larve de fourmi-lion.

prennent les demoiselles (fig. 41, D), les éphémères, qui

ne vivent qu'un jour, les fourmis-lions (fig. 334), dont la larve tend dans le sable des pièges (fig. 335) aux petits insectes, les termites (fig. 290), les phryganes (fig. 202), etc.

4° Les *abeilles*, guêpes, bourdons (fig. 257), frêlons, etc. Les fourmis se rangent à côté d'elles et vivent comme elles en sociétés. Nous en reparlerons quelque jour, mais dans une promenade, en examinant quelque fourmilière. C'est dans ce groupe que se trouvent presque tous les insectes venimeux.

5° Les *papillons* (fig. 336) avec leur trompe enroulée (fig. 31), et les fines écailles (fig. 32) de leurs ailes. Il y a

Fig. 336. — Papillons. — A, diurne. — B, crépusculaire. — C, nocturne.

les diurnes, aux riches couleurs, qui dans le repos relèvent leurs ailes sur le dos ; les crépusculaires et les nocturnes, qui les gardent toujours aplaties.

6° Les *punaises*, avec (fig. 315) ou sans (fig. 263) ailes, dont le bec perce soit la peau des animaux, soit les tissus végétaux, pour en extraire les sucs ; et les puces qui sucent (fig. 264) comme elles.

Les cigales (fig. 337), dont le chant monotone est si connu

Fig. 337. — Cigale. Fig. 338. — OEstre et sa larve.

dans le midi de la France, sont voisines des punaises.

C'est aussi à côté d'elles qu'on place les cochenilles (fig. 305), les pucerons (fig. 286), le phylloxera (fig. 23 et 281).

7° Les *insectes à deux ailes :* mouches (fig. 41, A), taons, cousins, etc. Certains de ces insectes sont bien redoutés des animaux domestiques : une mouche, l'œstre (fig. 338), pond ses œufs à la narine du cheval; les petites larves descendent dans l'estomac, et s'y développent, fixées à la membrane.

8° Les *parasites*, comme les poux (fig. 263) de l'homme, des mammifères et des oiseaux.

9° Les *lépismes*, petits insectes sans ailes, qui ont le corps couvert d'écailles semblables à celles des ailes du papillon. Vous en connaissez bien une espèce, blanc d'argent, courant très vîte, qu'on est sûr de trouver dans les offices, sous les pains de sucre, etc.

Les *mille-pattes*, ou comme on dit scientifiquement les **Myriapodes** (myriades de pieds), n'ont jamais d'ailes. Ils ont une tête distincte et munie d'antennes et de crochets venimeux; mais on ne reconnaît plus de corselet séparé. Les pattes sont pour le moins au nombre de 24 paires.

Chaque anneau porte tantôt une (fig. 69), tantôt deux (fig. 39) paires de pattes.

Les araignées, ou mieux les **Arachnides** ont, comme vous le savez, quatre paires de pattes. Chez elles, la tête est confondue avec le corselet. Elles portent encore deux antennes souvent terminées par des pinces.

Les *araignées* proprement dites (fig. 40) ont à la bouche de gros crochets venimeux (fig. 276), et à la partie postérieure du corps un appareil avec lequel elles filent la soie qui leur sert à tisser leur toile. Nous examinerons de près, en promenade, quelques-unes de ces toiles, et vous ver-

rez avec quelle adresse elles sont fabriquées, et comment
l'animal sait les utiliser à la chasse.

Les *scorpions* (fig. 277) ne font pas de toiles ; nous connaissons déjà leur appareil venimeux.

C'est parmi les arachnides qu'il faut placer les *acarus*
qui donnent la gale (fig. 22) et à l'homme et à beaucoup
d'animaux.

Les insectes, les myriapodes et les arachnides sont des
animaux aériens, qui vivent sur terre et respirent l'air en
nature.

Les **Crustacés**, au contraire, sont presque tous aquatiques et respirent l'air dissous dans l'eau. Ce sont
des animaux à carapace dure, calcaire, de formes très
variées, et qui ont généralement un grand nombre de
pattes.

Les plus connus sont les *crabes* (fig. 204), avec leur dix
pattes, leurs longues cornes, leurs yeux mobiles si bizarres, et leur queue repliée sous le ventre.

Les écrevisses (écrevisse, homard, langouste, squille,
crevette (fig. 297) qui ont tous les caractères des crabes,
mais portent leur queue allongée. Je dis leur queue et j'ai
tort : c'est leur abdomen qu'il faudrait dire, car l'intestin
d'une écrevisse va jusqu'au bout de sa prétendue queue.
Vous pouvez le voir aisément quand on en mangera chez
vous.

3° Puis viennent quantité d'animaux bizarres que vous
pourrez étudier plus tard. Il en est un, parmi eux, que
vous connaissez bien, c'est le cloporte (fig. 68), si fréquent
sous les pierres, dans les endroits obscurs et humides, un
des très rares crustacés qui vivent hors de l'eau.

En terminant l'histoire des Annélides, je vous dirai
quelques mots des **Vers**. Ce sont des animaux allongés
dont la forme varie beaucoup. Les uns sont absolument

nus ; d'autres ont de petits crins presque invisibles comme le ver de terre ; chez d'autres ces crins sont de bien plus grande dimension (fig. 52, B). Il en est qui forment autour d'eux des tubes calcaires, et y passent leur vie (fig. 339).

A côté des vers se placent les *vers intestinaux* (fig. 266, 268, 269) et nombre d'autres animaux très variés de forme et de structure.

Après les Annelés viennent, avons-nous dit, les MOLLUSQUES.

Je vous parlerai d'abord de ceux d'entre eux qui ont de longs bras le plus souvent munis de ventouses, avec lesquels ils saisissent leur proie (fig. 12), et un bec corné avec lequel ils la dévorent. Tels sont les poulpes

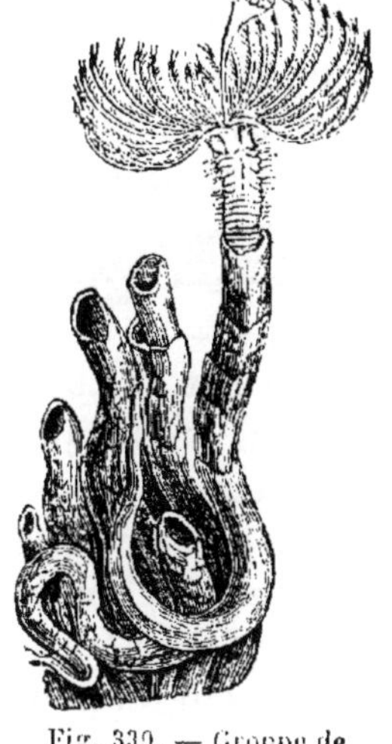

Fig. 339. — Groupe de vers (serpules).

(fig. 340) ou pieuvres, les seiches, dans le corps desquelles se trouve ce qu'on appelle impropre-ment l'*os de seiche*, corps dur que vous avez certainement vu suspendu dans la cage des serins, qui s'y usent le bec ; les calmars (fig. 13), dont certains deviennent

Fig. 340. — Poulpe.

gigantesques ; les argonautes, qui ont une élégante coquille, etc. Tous ces animaux lancent un liquide noir, grâce auquel ils échappent à leurs ennemis en troublant l'eau autour d'eux. On en fait la *sépia*.

13.

Puis viennent les **Mollusques à coquille univalve**,
qui n'ont pas de bras. Il y en a dans la mer des quantités
d'espèces, dont les coquilles très variées de forme ont
souvent de très riches couleurs. Il en existe aussi dans
nos eaux douces, comme la limnée (fig. 312) ; et aussi sur
terre, dont les uns ont une coquille très évidente (limaçon), d'autres une coquille très petite (testacelle, fig. 341),

d'autres même une coquille
plus petite encore, cachée sous
la peau (limace grise, fig. 38),

Fig. 341. — Testacelle.

ou même pas de coquille du tout (limace rouge).

Tous ces mollusques ont une tête portant des *tentacules*
(cornes) et des yeux. Les **Mollusques à coquille bivalve** n'ont plus de tête. Ce sont tous des animaux
aquatiques. On compte parmi eux les huîtres (fig. 302),
qui restent accolées aux roches sous-marines, les moules,
qui marchent un peu, les pholades (fig. 313) qui creusent
des trous dans les rochers, les coquilles Saint-Jacques,
les manches de couteaux, et nombre d'espèces d'eau
douce et surtout d'eau de mer.

Nous voici arri-
vés aux ZOOPHY-
TES, qui sont tous
aquatiques.

Fig. 342. — Étoile de mer.

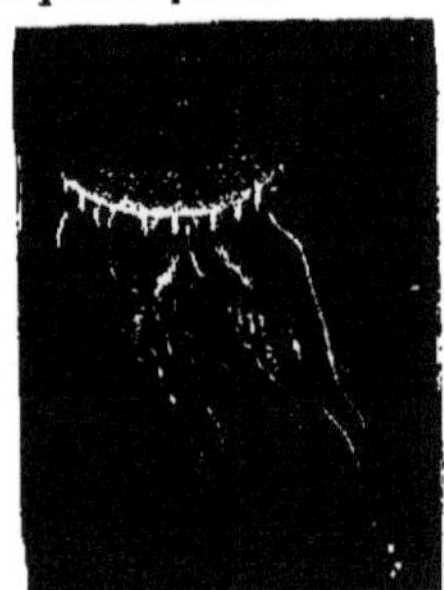

Fig. 343. — Méduse.

En tête, il faut placer les oursins, les étoiles de mer

(fig. 342), les holothuries (fig. 298), dont on fait le *tré-pang*, etc.

Puis viennent les **Méduses** (fig. 343), animaux absolument mous, qui ressemblent à des champignons se mouvant librement dans les eaux de la mer.

Puis, les **Polypiers**, petits êtres (fig. 316) le plus souvent réunis en colonies innombrables, et formant autour d'eux une enveloppe calcaire. Nous avons déjà parlé du

Fig. 344. — Ile de corail.

corail (fig. 303). Quelques espèces pullulent avec une telle rapidité sur les roches sous-marines qu'elles arrivent à former des récifs et même des îles à forme circulaire (fig. 344) : ce fait est très commun en Océanie.

A côté des polypiers, les anémones de mer (fig. 345).

Puis les hydres d'eau douce (fig. 21), ces bizarres petits animaux dont je vous ai parlé déjà, et qu'on peut couper en menus morceaux, chacun d'eux fabriquant un individu nouveau. Cela est plus fort encore que le ver de terre qu'on ne peut couper qu'en deux, ou que le limaçon qui reforme seulement sa tête coupée, ou surtout que le lézard, qui ne repousse que sa queue.

Fig. 345. — Anémones de mer.

On place ici encore les **Animaux infusoires**, dont nous connaissons la variété de formes (fig. 26) et pour beaucoup l'infinie petitesse.

Et aussi les **Spongiaires**, parmi lesquels l'éponge commune (fig. 304). Ce sont des animaux très simples, qui n'ont littéralement ni queue ni tête, ou, pour parler plus juste, pas d'organes visibles. Ils ressemblent à des masses plus ou moins grosses de gelée. Mais chez un grand nombre, il se forme dans l'épaisseur de cette gelée des espèces de filaments, soit cornés, soit pierreux, qui ont parfois des formes extrêmement élégantes.

Voilà notre revue du Règne animal terminée. Vous voyez que, malgré toutes les difficultés du problème, on est arrivé à classer les animaux d'une manière très convenable, en tenant compte de leurs ressemblances.

Pour bien comprendre les raisons de ces classifications, il ne faut pas, comme je l'ai fait cette année, se borner à examiner la forme extérieure et les caractères superficiels des animaux. Il est nécessaire de les considérer de plus près, de regarder ce qu'ils ont dans le corps. C'est ce qu'on appelle faire de l'*Anatomie*. Nous apprendrons cela plus tard : on ne peut pas tout faire à la fois, et il faut commencer par le commencement.

FIN.

TABLE DES FIGURES [1]

[1] Un certain nombre des figures qui illustrent ce volume, sont empruntées à divers ouvrages tels que le *Journal la Nature,* le cours *d'Histoire naturelle de M. Milne-Edwards,* les *Leçons de Zoologie de M. Paul Bert,* etc. La plupart ont été réduites par les nouveaux rocédés héliographiques de madame veuve Gillot et fils.

FIN DE LA TABLE DES FIGURES.

TABLE DES MATIÈRES

NOUVELLES PUBLICATIONS
de la librairie G. MASSON

Premières leçons d'histoire littéraire (littérature grecque, littérature latine, littérature française), par MM. CROISET, LALLIER, PETIT DE JULLEVILLE. 1 vol. in-18, cartonné................ 2 "

Leçons de Littérature française, par M. PETIT DE JULLEVILLE, maître de conférences à la Faculté des lettres de Paris.
I. *Des origines à Corneille.* 1 vol. in-18, cartonné......... 2 fr.
II. *De Corneille à nos jours.* 1 vol. in-18, cartonné........ . 2 fr.

Leçons de littérature grecque, par M. CROISET, professeur adjoint à la Faculté des lettres de Paris. 1 vol. in-18, cartonné. 2 "

Leçons de littérature latine, par M. R. LALLIER, ancien maître de conférences à la Sorbonne et M. LANTOINE, secrétaire de la Faculté des lettres de Paris. 1 vol. in-18, cartonné........... 2 fr.

Morceaux choisis des auteurs français (Poètes et Prosateurs) des origines à nos jours, avec notice biographique et littéraire sur chaque auteur, par M. PETIT DE JULLEVILLE. 1 vol. in-18, cartonné, toile anglaise... 5 fr.

Histoire de la Civilisation, par M. SEIGNOBOS, docteur ès lettres.
I. *Ages préhistoriques. — Histoire ancienne de l'Orient. — Histoire des Grecs. — Histoire romaine. — Le Moyen âge jusqu'à Charlemagne.* 1 vol. in-18, avec 105 figures dans le texte. Cart. 3 fr. 50
II. *Depuis Charlemagne jusqu'à nos jours.* 1 vol. in-18, cart. 3 50

Cours de Géographie, par Marcel DUBOIS, chargé de cours d'histoire et de géographie à la Faculté des lettres de Nancy.
I. *Notions élémentaires de Géographie générale.* 1 vol. in-18, cartonné.. 1 fr. 50
II. *Géographie de l'Europe.* 1 vol. in-18, cartonné......... 2 fr.
III. *Géographie de la France.* 1 vol. in-18, cartonné........ 2 fr.

Texte-Atlas de Géographie établi conformément au plan d'études des écoles primaires (arrêté du 27 juillet 1882), par M. DUBAIL, professeur de géographie.
Cours élémentaire, 1 vol. in-4°, avec 20 cartes et 21 figures dans le texte, en noir et en couleur, cartonné................. 1 fr. 20
Cours moyen. **La France**, précédée de la révision du cours élémentaire et contenant, outre la géographie détaillée de la France, celle des cinq parties du monde. 1 vol. in-4°, avec 80 cartes en couleur et 25 figures dans le texte, cartonné.......... 2 fr. 25
Livre du maître du Cours moyen...................... 1 fr. "

CORBEIL. Typ. et Stér. CRÉTÉ.

www.ingramcontent.com/pod-product-compliance
Ingram Content Group UK Ltd.
Pitfield, Milton Keynes, MK11 3LW, UK
UKHW020821120726
13693UKWH00002B/406